もくじ 教育出版版 小学算数 4年 準拠

教科書の内容

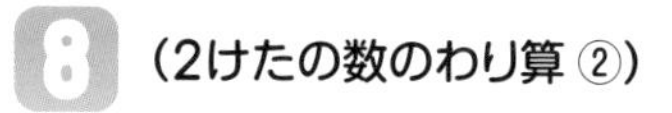

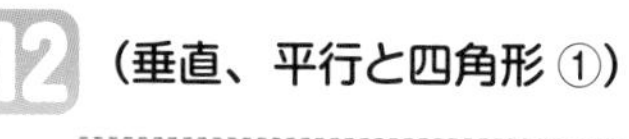

教科書 下

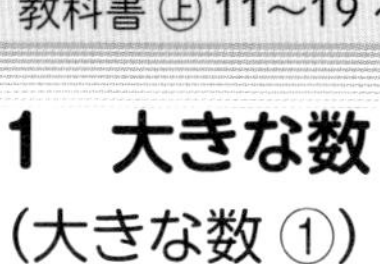

月　　日

1 大きな数

(大きな数 ①)

／100点

1 次の数について答えましょう。　1つ8〔24点〕

4326159000000000

❶ 次の数字は、何の位(くらい)の数字でしょうか。

㋐ 9 (　　　　)の位　　㋑ 2 (　　　　)の位

❷ 上の数のよみ方を漢字で書きましょう。

(　　　　　　　　　　)

2 次の数を数字で書きましょう。　1つ10〔20点〕

❶ 四億(おく)六千八百九十三万　(　　　　)

❷ 1兆(ちょう)を6こと、1億を320こあわせた数

(　　　　)

3 (　)の中の数の和と差(さ)を求(もと)めましょう。　1つ10〔40点〕

❶ (790億、82億)　　❷ (832兆、84兆)

4 0から9までの数字を1回ずつ使って10けたの整数をつくります。いちばん大きい位の数が4である整数の中で、いちばん大きい数といちばん小さい数を書きましょう。　1つ8〔16点〕

大(　　　　)　小(　　　　)

答えは 65ページ

月　日

1　大きな数
(大きな数 ①)

／100点

1 次の数のよみ方を漢字で書きましょう。　1つ7〔14点〕

❶ 8035208900018　(　　　　)

❷ 3004009620000580　(　　　　)

2 □にあてはまる数を書きましょう。　1つ6〔24点〕

❶ 100億(おく)を100こあつめた数は、□です。

❷ 650億は、100億を□こと、10億を□こあわせた数です。

❸ 80億は、100万を□こあつめた数です。

3 □にあてはまる数を書きましょう。　1つ6〔30点〕

❶ 530億の10倍は□億、530億の$\frac{1}{10}$は□億

❷ 6800億の10倍は□兆(ちょう)□億、

6800億の$\frac{1}{10}$は□億

4 (　)の中の数の和と差(さ)を求(もと)めましょう。　1つ8〔32点〕

❶ (317兆、526兆)　❷ (825億、309億)

答えは
65ページ

1　大きな数

(大きな数 ②)

／100点

1 計算をしましょう。　1つ8〔64点〕

❶ 385×416　❷ 523×264

❸ 716×165　❹ 907×342

❺ 629×705　❻ 720×576

❼ 305×807　❽ 834×160

2 計算をしましょう。　1つ6〔36点〕

❶ 4200×50　❷ 2900×60

❸ 1300×700　❹ 67000×400

❺ 32億(おく)×20　❻ 9兆(ちょう)×800

答えは 65ページ

教科書 ㊤ 20〜21 ページ

月　日

10分

1　大きな数

(大きな数 ②)

／100点

1 計算をしましょう。　1つ8〔80点〕

❶ 278×635　　❷ 419×547

❸ 808×338　　❹ 557×205

❺ 493×603　　❻ 268×902

❼ 3700×1700　　❽ 72000×2400

❾ 21億(おく)×80　　❿ 18兆(ちょう)×300

2 遠足のひようとして、435円ずつ集めます。132人分集めると、全部で何円になるでしょうか。　1つ10〔20点〕

【式】

答え（　　　　）

答えは 65ページ

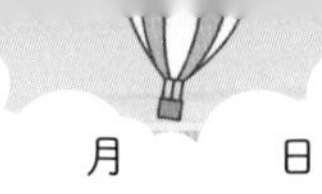

月　　日

2 わり算の筆算
(わり算の筆算 ①)

／100点

1 計算をしましょう。　1つ10〔60点〕

❶ $6\overline{)78}$　❷ $2\overline{)79}$　❸ $5\overline{)85}$

❹ $3\overline{)99}$　❺ $7\overline{)58}$　❻ $4\overline{)80}$

2 98 まいのカードがあります。　1つ10〔40点〕

❶ 7 人で同じ数ずつ分けると、1 人分は何まいになるでしょうか。

【式】

答え（　　　　　）

❷ 1 人に 4 まいずつ配ると、何人に分けられて、何まいあまるでしょうか。

【式】

答え（　　　　　　　　）

答えは
65ページ

月　日

2　わり算の筆算
（わり算の筆算 ①）

／100点

1 計算をしましょう。　1つ6〔36点〕

❶ 6)74　❷ 4)60　❸ 2)95

❹ 3)84　❺ 8)50　❻ 7)76

2 計算をしましょう。また、答えのたしかめをしましょう。　1つ6〔48点〕

❶ 37÷2　❷ 54÷4

たしかめ（　　）　たしかめ（　　）

❸ 83÷3　❹ 46÷5

たしかめ（　　）　たしかめ（　　）

3 86 このみかんを 1 箱に 7 こずつ入れます。何箱できて、何こあまるでしょうか。　1つ8〔16点〕

【式】

答え（　　）

答えは 65ページ

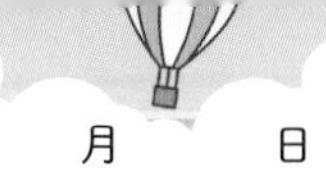

2　わり算の筆算
(わり算の筆算 ②)

／100点

1 計算をしましょう。　1つ7〔42点〕

❶ 468÷2　　❷ 697÷5

❸ 832÷4　　❹ 474÷7

❺ 512÷8　　❻ 908÷3

2 ジュースが 843 本あります。6 本ずつケースに入れると、何ケースできて、何本あまるでしょうか。　1つ8〔16点〕

【式】

答え（　　　　）

3 ただしさんは、毎月同じ金額(きんがく)をちょ金しています。8 か月で 936 円たまりました。ただしさんは、毎月何円ずつちょ金しているでしょうか。　1つ7〔14点〕

【式】

答え（　　　　）

4 暗算でしましょう。　1つ7〔28点〕

❶ 66÷3　　❷ 96÷4

❸ 84÷7　　❹ 65÷5

答えは 66ページ

月　　日

2 わり算の筆算
(わり算の筆算 ②)

／100点

1 計算をしましょう。　1つ7〔42点〕

❶ 702÷4　　❷ 827÷8

❸ 572÷3　　❹ 900÷6

❺ 423÷9　　❻ 814÷5

2 833 円のお金を 7 人で同じ金額(きんがく)ずつ分けます。1 人分は何円になるでしょうか。　1つ7〔14点〕

【式】

答え(　　　　)

3 カードが 436 まいあります。3 人で同じ数ずつ分けると、1 人分は何まいになって、何まいあまるでしょうか。　1つ8〔16点〕

【式】

答え(　　　　)

4 暗算でしましょう。　1つ7〔28点〕

❶ 51÷3　　❷ 72÷6

❸ 91÷7　　❹ 76÷4

答えは 66ページ

月　　日

3　折れ線グラフ

／100点

1 右の折れ線グラフは、ある日の気温の変化を表しています。　1つ14〔70点〕

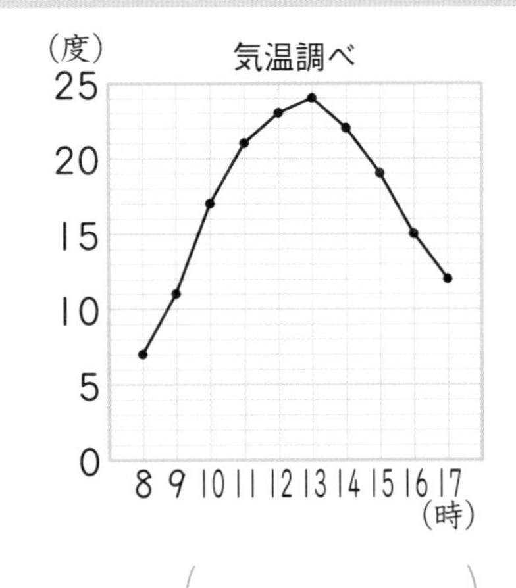

❶ 横じくは何を表しているでしょうか。
（　　　　）

❷ 10 時の気温は何度でしょうか。
（　　　　）

❸ 気温が 11 度だったのは、何時でしょうか。
（　　　　）

❹ 最高気温は何時でしょうか。また、それは何度でしょうか。
（　　　　、　　　　）

❺ 気温が 2 度下がったのは、何時から何時の間でしょうか。
（　　　　）

2 下のあからおの図は、気温の変化を表した折れ線グラフの一部です。□にあてはまるものを記号で答えましょう。　1つ10〔30点〕

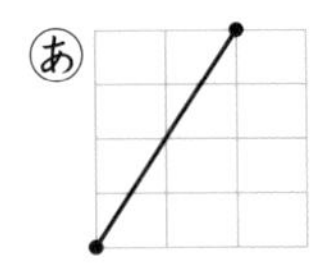

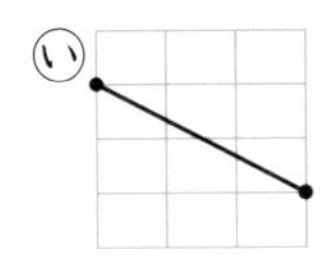

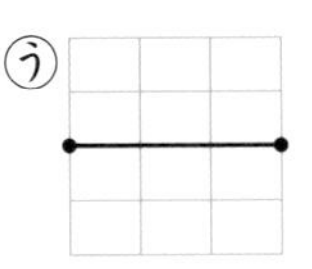

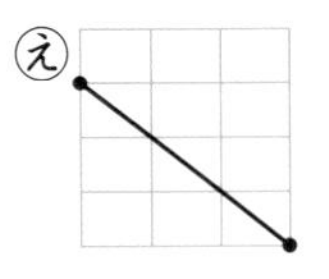

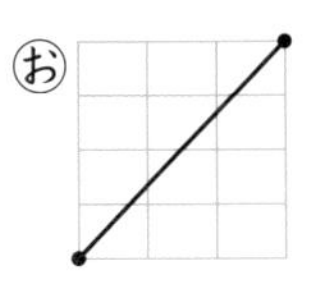

下がり方がいちばん大きいのは□で、上がり方がいちばん大きいのは□です。また、変わらないのは□です。

答えは 66ページ

月　日

3　折れ線グラフ

／100点

1 次のあからうの中から、折れ線グラフで表すとよいものを選びましょう。 〔25点〕

あ　同じ日に調べた学校別の小学生の数

い　毎月１日に調べた自分の体重

う　同じ日に調べた何人かの子どもの体重

（　　　　）

2 まおさんは、１日の気温の変化を調べました。 1つ25〔75点〕

気温調べ

時こく(時)	7	8	9	10	11	12	13	14	15	16
気温　(度)	15	18	20	21	24	25	27	26	26	23

❶ １日の気温の変化を折れ線グラフに表しましょう。

(度)　（　　　　）

7　8　9　10　11　12　13　14　15　16　(時)

❷ 最高気温と最低気温の差は何度でしょうか。

（　　　　）

❸ 気温が変わっていないのは、何時から何時の間でしょうか。

（　　　　）

答えは 66ページ

月　　日

4　角

／100点

1 下のあからえの角度を、それぞれはかりましょう。 1つ13〔52点〕

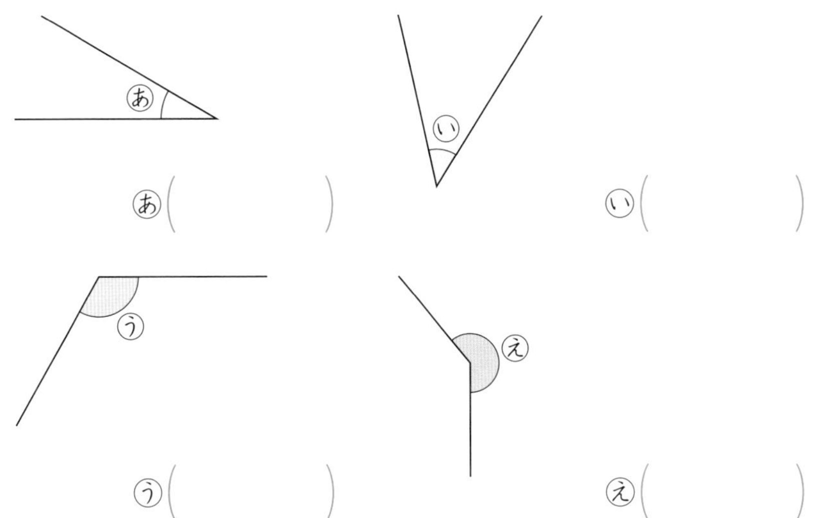

あ(　　　)　い(　　　)

う(　　　)　え(　　　)

2 下のように2本の直線が交わってできたあ、いの角度を求め(もと)ましょう。 1つ14〔28点〕

あ(　　　)

い(　　　)

3 分度器(ぶんどき)を使って、点アを中心にして、20°の角をかきましょう。〔20点〕

ア―――――――イ

答えは
66ページ

月　　日

4 角

／100点

1 下の図は、１組の三角定規を組み合わせたものです。㋐から㋕の角度を、それぞれ求めましょう。　1つ10〔60点〕

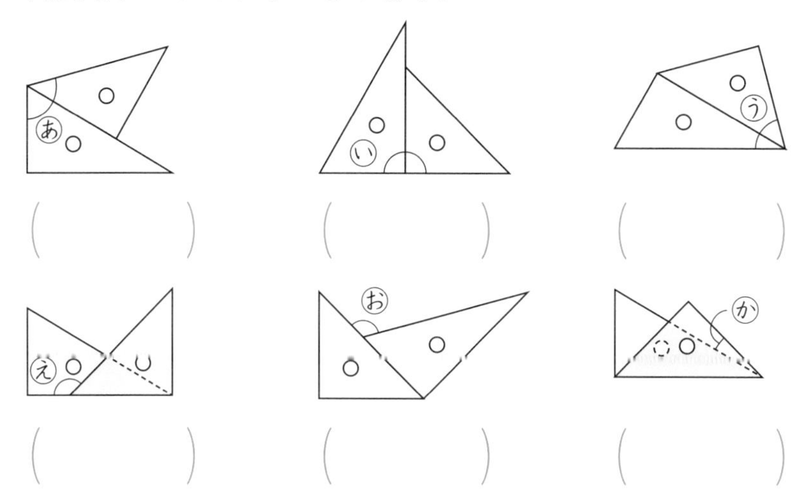

（　　）（　　）（　　）

（　　）（　　）（　　）

2 下の図のような三角形をかきましょう。　〔20点〕

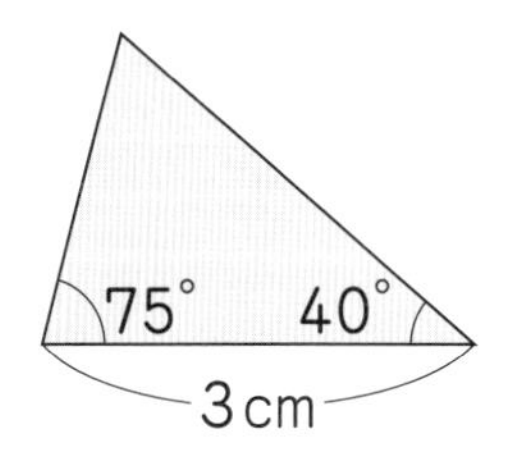

3 分度器を使って、点アを中心にして、200°の角をかきましょう。　〔20点〕

ア　　　　　　イ

答えは 66ページ

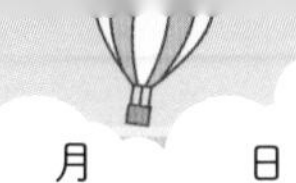

教科書 ㊤ 74～80 ページ

月　　日

10分

5　2けたの数のわり算
(2けたの数のわり算 ①)

／100点

1 計算をしましょう。　1つ8〔80点〕

❶ $40 \div 20$　　❷ $700 \div 70$

❸ $190 \div 60$　　❹ $440 \div 80$

❺ 32)67　　❻ 12)36　　❼ 24)98

❽ 27)93　　❾ 15)77　　❿ 29)86

2 計算をしましょう。また、答えのたしかめをしましょう。　1つ5〔20点〕

❶ $85 \div 26$　　❷ $70 \div 18$

たしかめ(　　　)　　たしかめ(　　　)

答えは 66ページ

教科書 ㊤ 74〜80 ページ

月　日

5　2けたの数のわり算

(2けたの数のわり算 ①)

／100点

1 計算をしましょう。　1つ8〔80点〕

❶ 120÷40　　❷ 360÷40

❸ 80÷50　　❹ 400÷70

❺ $17\overline{)85}$　　❻ $28\overline{)65}$　　❼ $31\overline{)74}$

❽ $23\overline{)83}$　　❾ $16\overline{)67}$　　❿ $34\overline{)90}$

2 計算をしましょう。また、答えのたしかめをしましょう。

❶ 96÷23　　❷ 74÷19　　1つ5〔20点〕

たしかめ(　　　)　　たしかめ(　　　)

答えは
66ページ

月　　日

5　2けたの数のわり算
(2けたの数のわり算 ②)

／100点

1 商は何の位（くらい）からたつでしょうか。　1つ6〔18点〕

❶ 39)787　　(　　　)の位

❷ 82)795　　(　　　)の位

❸ 64)641　　(　　　)の位

2 計算をしましょう。　1つ11〔66点〕

❶ 43)309

❷ 54)425

❸ 24)182

❹ 53)901

❺ 23)581

❻ 14)572

3 おはじきが 363 こあります。1 人に 45 こずつ分けると、何人に分けられて、何こあまるでしょうか。　1つ8〔16点〕

【式】

答え(　　　　　　　　)

答えは
67ページ

教科書 ㊤ 81～84 ページ

月　日

5　2けたの数のわり算
(2けたの数のわり算 ②)

／100点

1 計算をしましょう。　1つ10〔90点〕

❶ 843÷39　❷ 301÷43　❸ 271÷28

❹ 5459÷41　❺ 8316÷58　❻ 1701÷42

❼ 1805÷26　❽ 2910÷35　❾ 5143÷47

2 りんごが 285 こあります。13 この箱に同じ数ずつ入れると、1 箱は何こになって、何こあまるでしょうか。　1つ5〔10点〕

【式】

答え（　　　　）

答えは 67ページ

教科書 ㊤ 85〜88 ページ　　月　　日

5　2けたの数のわり算

（2けたの数のわり算 ③）

／100点

1 次の□にあてはまる数を書きましょう。　1つ4〔40点〕

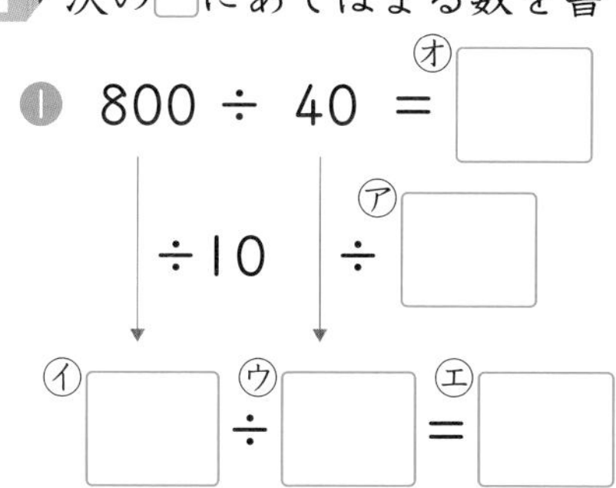

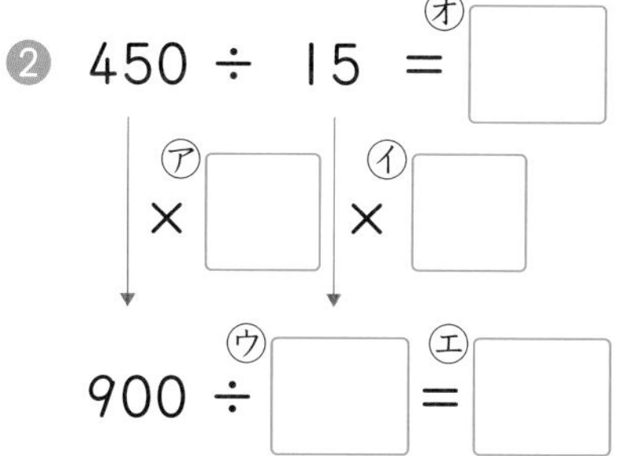

2 わり算のきまりを使ってくふうして計算します。□にあてはまる数を書きましょう。　1つ5〔20点〕

❶ 240÷40

＝24÷□＝□

❷ 700÷35

＝□÷70＝□

3 計算をしましょう。　1つ5〔40点〕

❶ 450÷50

❷ 120÷24

❸ 490÷70

❹ 4200÷60

❺ 550÷90

❻ 2300÷80

❼ 36 万÷6 万

❽ 6 億(おく)÷2 億

答えは 67ページ

5　2けたの数のわり算

(2けたの数のわり算 ③)

／100点

1 わり算のきまりを使ってくふうして計算します。□にあてはまる数を書きましょう。　1つ5〔20点〕

・315÷45＝□÷9＝□

・315÷45＝630÷□＝□

2 計算をしましょう。　1つ8〔64点〕

❶ 80÷20　　❷ 120÷5

❸ 3800÷50　　❹ 6400÷400

❺ 7800÷1600　　❻ 90000÷3000

❼ 810万÷9万　　❽ 800億(おく)÷4億

3 3250円を、すべて50円玉にしようと思います。50円玉は全部で何まいになるでしょうか。　1つ8〔16点〕

【式】

答え（　　　　）

答えは67ページ

月　　日

6　がい数
(がい数 ①)

／100点

1 東市の人口は 83475 人で、西市の人口は 87052 人です。それぞれ約(やく)何万人といえばよいでしょうか。　1つ5〔10点〕

80000　83475　87052　90000（人）

東市（　　　）　西市（　　　）

2 四捨五入(ししゃごにゅう)して、(　)の中の位(くらい)までのがい数で表しましょう。　1つ10〔80点〕

❶ 6354（百の位）　（　　　）

❷ 7148（千の位）　（　　　）

❸ 45891（千の位）　（　　　）

❹ 23567（一万の位）　（　　　）

❺ 797153（一万の位）　（　　　）

❻ 534059（一万の位）　（　　　）

❼ 2580392（十万の位）　（　　　）

❽ 430086550（一億(おく)の位）　（　　　）

3 四捨五入して千の位までのがい数にしたとき、74000 になる数を下のあからかの中から選(えら)びましょう。　〔10点〕

あ 74536　い 73479　う 73600

え 73820　お 74555　か 74022

（　　　）

答えは 67ページ

教科書 上 92〜98 ページ

月　　日

10分

6 がい数

(がい数 ①)

／100点

1 四捨五入して、一万の位までのがい数で表しましょう。 1つ8〔24点〕

❶ 59301　❷ 799146　❸ 123567

(　　　)　(　　　)　(　　　)

2 四捨五入して、上から1けたのがい数で表しましょう。 1つ8〔24点〕

❶ 43068　❷ 85631　❸ 1729

(　　　)　(　　　)　(　　　)

3 四捨五入して、上から2けたのがい数で表しましょう。 1つ8〔24点〕

❶ 5739　❷ 18064　❸ 497153

(　　　)　(　　　)　(　　　)

4 あてはまる整数を全部書きましょう。 1つ8〔16点〕

❶ 3以上7以下の整数　❷ 5以上10未満の整数

(　　　)　(　　　)

5 四捨五入して十の位までのがい数にしたとき、60になる数のはんいを、以上、未満を使って表しましょう。 〔12点〕

(　　　)

答えは
67ページ

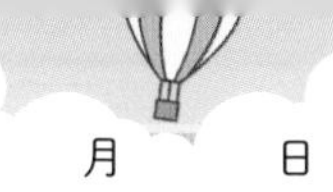

10分

6　がい数
(がい数 ②)

／100点

1 かおりさんたち3人は、遠足のおかしを買いに行きます。右の表を見て、下の問題に答えましょう。❶と❷は、四捨五入して、十の位までのがい数で求めましょう。　1つ20〔60点〕

おかしの種類	ねだん
チョコレート	96円
ガ　ム	89円
あ　め	26円
クッキー	193円
ポテトチップス	148円

❶ かおりさんは、チョコレートとあめとクッキーを買います。代金の合計は何円ぐらいになるか、見当をつけましょう。

(　　　　)

❷ おさむさんは、クッキーと、ポテトチップスを買って、1000円札ではらいます。おつりは、約何円になるでしょうか。

(　　　　)

❸ れいこさんは、ガムとクッキーとポテトチップスを買います。3つを買うのに500円で足りるでしょうか。代金を見積もって答えましょう。

(　　　　)

2 四捨五入して、百の位までのがい数で答えを見積もりましょう。　1つ10〔40点〕

❶ 385＋185

❷ 857＋236＋1615

❸ 713－429

❹ 1000－(124＋603)

答えは
67ページ

教科書 ㊤ 99〜103 ページ

月　　日

6　がい数

(がい数 ②)

／100点

1 41 人の子どもに、1 本 68 円の牛にゅうを配ると、代金の合計が何円ぐらいになるか、見当をつけましょう。答えは、41、68 を、それぞれ四捨五入(ししゃごにゅう)して上から 1 けたのがい数にして、見(み)積(つ)もりましょう。〔20点〕

(　　　　)

2 給食(きゅうしょく)のカレーライス用の肉を、全校生徒(せいと) 498 人分として、41200g 用意しました。1 人分の肉は約(やく)何 g になるでしょうか。答えは、498、41200 を、それぞれ四捨五入して上から 1 けたのがい数にして、見積もりましょう。〔20点〕

(　　　　)

3 四捨五入して、上から 1 けたのがい数で答えを見積もりましょう。1つ10〔60点〕

❶ 295×412

❷ 689×5092

❸ 304×28

❹ 5831÷27

❺ 787÷37

❻ 28241÷39

答えは
67ページ

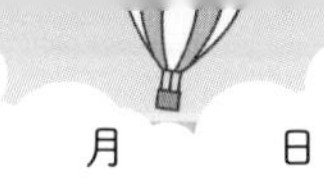

月　日

7　垂直、平行と四角形

（垂直、平行と四角形 ①）

／100点

1 下の図で、垂直（すいちょく）な直線の組はどれとどれでしょうか。　1つ10〔20点〕

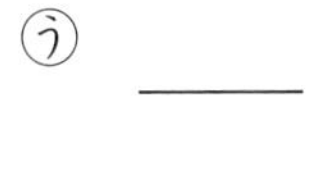

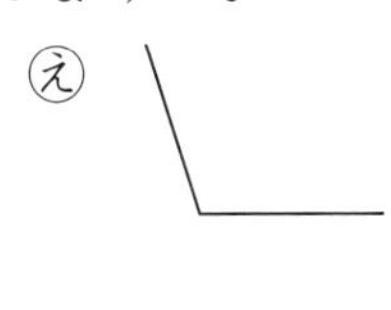

（　　　、　　　）

2 右の図で、直線㋐に垂直な直線はどれとどれでしょうか。　1つ15〔30点〕

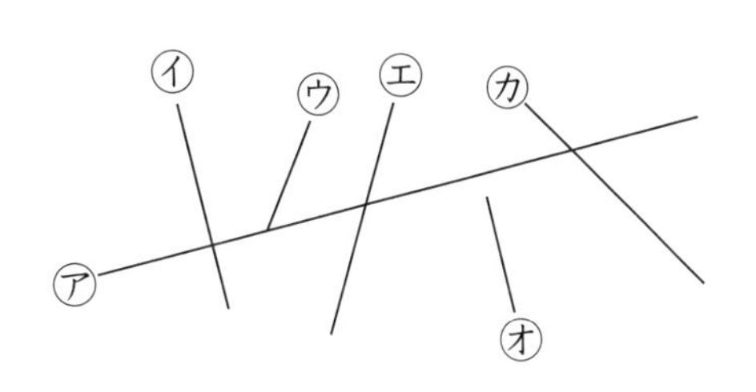

（　　　、　　　）

3 右の図の長方形で、辺（へん）アイと平行な辺はどれでしょうか。　〔20点〕

ア　エ

イ　ウ

（　　　）

4 右の図の直線㋐から㋕について、答えましょう。　1つ15〔30点〕

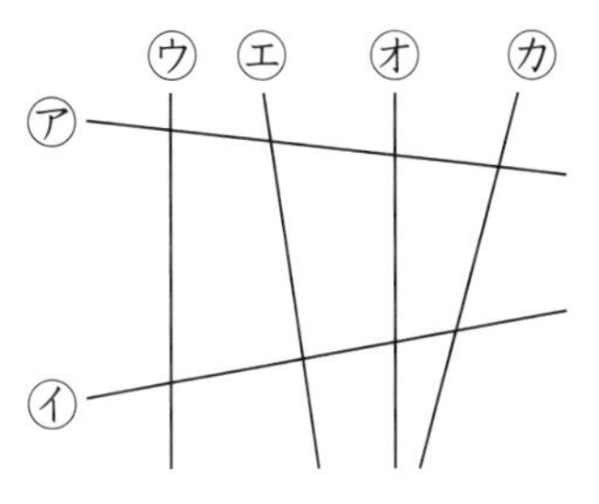

❶ 平行な直線はどれとどれでしょうか。

（　　　）

❷ はばがどこも等しくなっている直線はどれとどれでしょうか。

（　　　）

答えは 67ページ

教科書 ㊤ 110～119 ページ

月　　日

7　垂直、平行と四角形
(垂直、平行と四角形 ①)

／100点

1 右の図の長方形で、辺アイと垂直な辺はどれとどれでしょうか。　1つ10〔20点〕

(　　　、　　　)

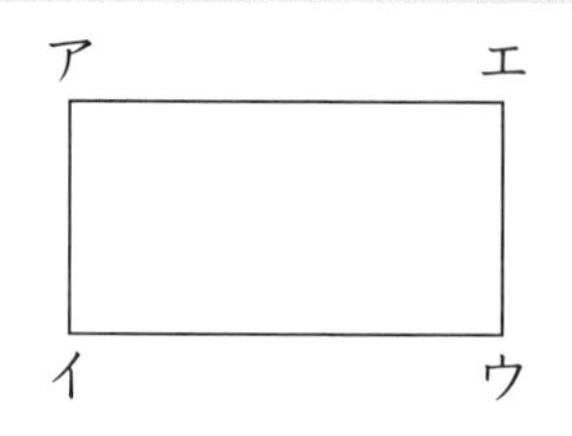

2 右の図で、直線㋐、㋑、㋒は平行です。あ、い、うの角度は、それぞれ何度でしょうか。　1つ8〔24点〕

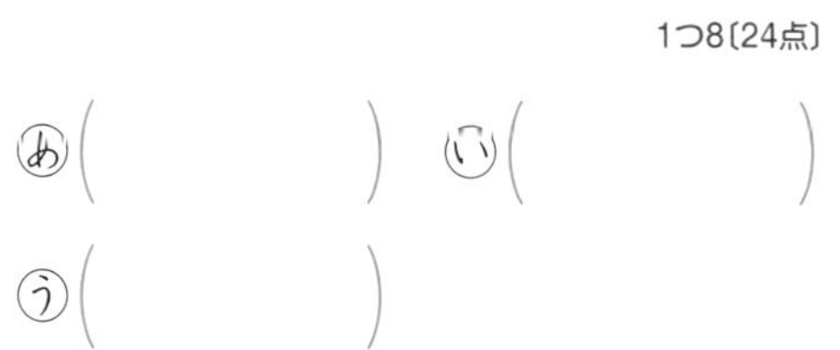

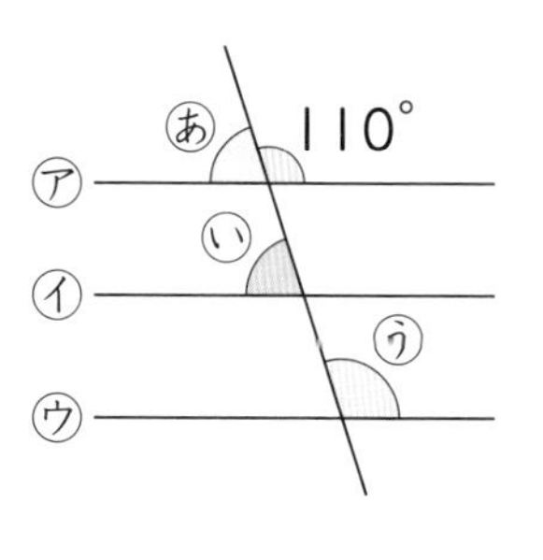

3 点アを通って、直線㋑に垂直な直線をかきましょう。　1つ14〔28点〕

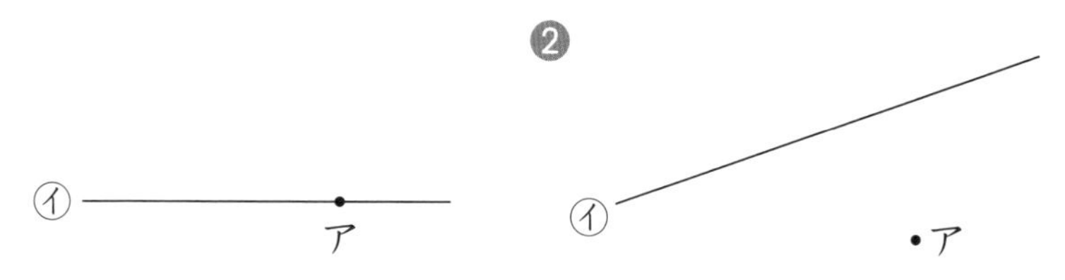

4 点アを通って、直線㋑に平行な直線をかきましょう。　1つ14〔28点〕

2　㋑　・ア

答えは 68ページ

月　日

7　垂直、平行と四角形
(垂直、平行と四角形 ②)

／100点

1 右の図の四角形について答えましょう。　1つ10〔30点〕

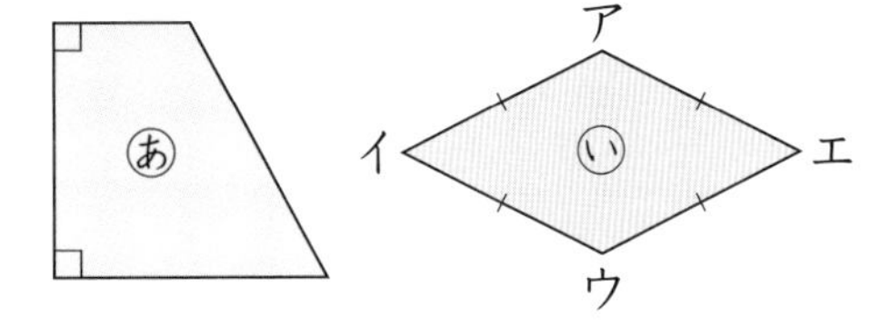

❶ あ、いの四角形の名前を書きましょう。

あ(　　　　)　い(　　　　)

❷ いで、辺(へん)アイに平行な辺はどれでしょうか。

(　　　　)

2 右の平行四辺形について答えましょう。　1つ12〔48点〕

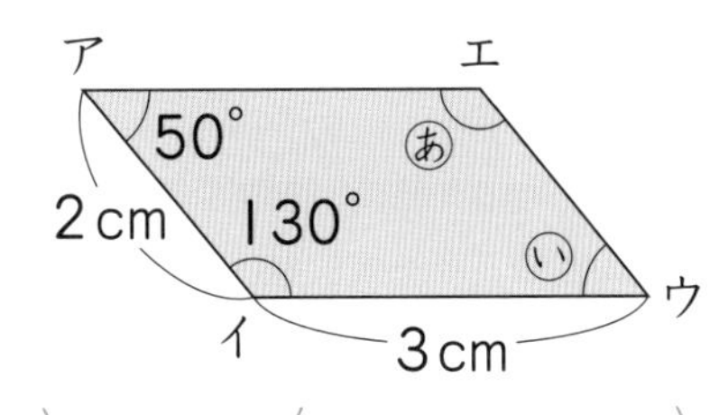

❶ 辺アエ、ウエの長さは、それぞれ何cmでしょうか。

辺アエ(　　　　)　辺ウエ(　　　　)

❷ あ、いの角度は、それぞれ何度でしょうか。

あ(　　　　)　い(　　　　)

3 下の図のような平行四辺形をかきましょう。　〔22点〕

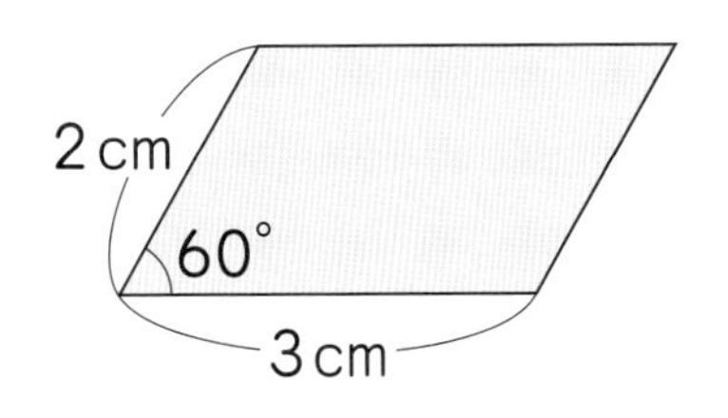

答えは
68ページ

月　　日

7　垂直、平行と四角形
(垂直、平行と四角形 ②)

／100点

1 右の図について答えましょう。　1つ15〔30点〕

❶　3つの点ア、イ、ウを頂点(ちょうてん)とする平行四辺形(へいこうしへんけい)は、全部でいくつかけるでしょうか。

(　　　　　　　)

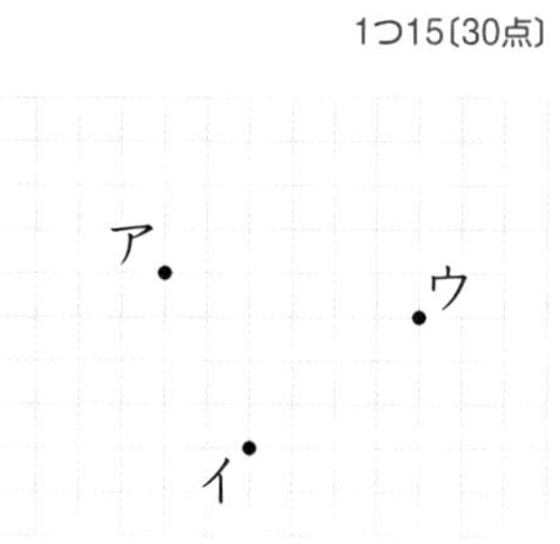

❷　❶の平行四辺形のうち、アイとイウを2辺とするものを右の図にかきましょう。

2 下の図のように対角線が交わる四角形の名前は何でしょうか。　1つ14〔42点〕

❶　❷　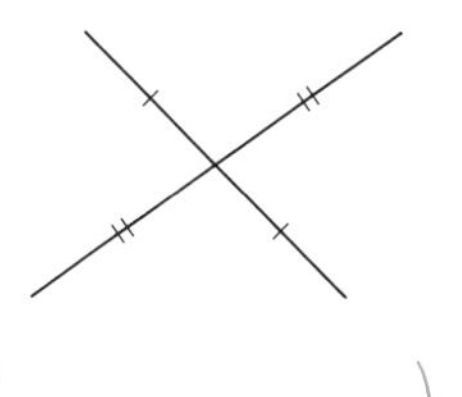　❸　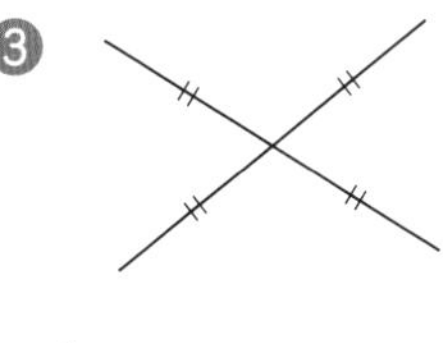

(　　　　　　)　(　　　　　　)　(　　　　　　)

3 右の図のように、長方形の紙を直線㋐で切り分けます。　1つ14〔28点〕

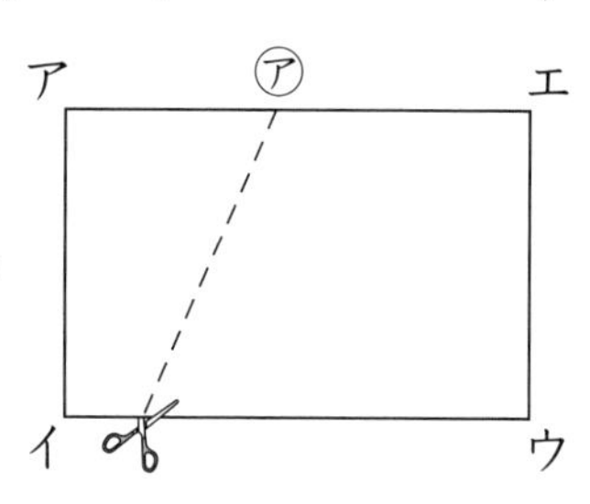

❶　何という四角形ができるでしょうか。

(　　　　　　)

❷　四角形をうら返さないで辺アイが辺エウと合うようにならべると、何という四角形ができるでしょうか。

(　　　　　　)

答えは68ページ

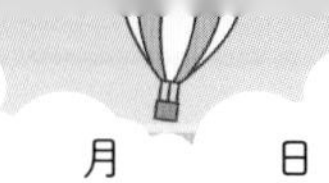

月　　日

8　式と計算

／100点

1 計算をしましょう。 1つ6〔48点〕

❶ $600-(400+50)$　❷ $(8+27)\times 6$

❸ $20\div(12-7)$　❹ $65+7\times 5$

❺ $500-150\times 2$　❻ $8\times 5+36\div 9$

❼ $20\div 4\times(12+28)$　❽ $37+(70-45)\times 2$

2 くふうして計算しましょう。 1つ8〔32点〕

❶ $22\times 3+18\times 3$　❷ 25×16

❸ $38+31+69$　❹ 99×11

3 1本60円のジュースと、1こ30円のおかしを組にして買います。26組買うと、代金は何円になるでしょうか。(　)を使って1つの式に表して、答えを求(もと)めましょう。 1つ10〔20点〕

【式】

答え(　　　　　)

答えは
68ページ

教科書 ㊤ 134～142 ページ

月　日

8　式と計算

／100点

1 計算をしましょう。　1つ7〔56点〕

❶ $610-(370+86)$　❷ $32\times(70-55)$

❸ $400-95\times4$　❹ $600+360\div6$

❺ $9\times4+16\div4$　❻ $(9\times4+16)\div4$

❼ $24+16\times5\div8$　❽ $(24+16)\times5\div8$

2 くふうして計算しましょう。　1つ6〔24点〕

❶ $60\times9-60\times7$　❷ 28×25

❸ $63+91+47$　❹ 27×98

3 1さつ80円のノートを4さつ買って、500円玉を出しました。おつりは何円でしょうか。1つの式に表して、答えを求(もと)めましょう。　1つ10〔20点〕

【式】

答え（　　　　）

答えは68ページ

月　　日

9 面積
(面積 ①)

／100点

1 あからかの面積(めんせき)は、それぞれ何 cm^2 でしょうか。　1つ6〔36点〕

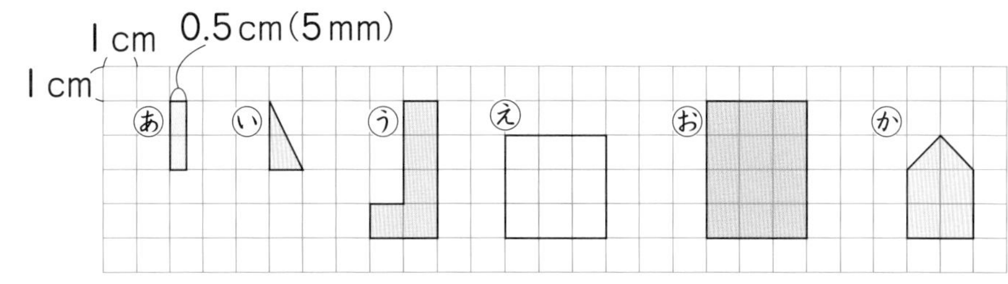

あ(　　　)　い(　　　)　う(　　　)

え(　　　)　お(　　　)　か(　　　)

2 次の長方形や正方形の面積を求(もと)めましょう。　1つ8〔64点〕

❶ たてが 6 cm、横が 12 cm の長方形

【式】

答え(　　　)

❷ 1 辺(ぺん)が 5 cm の正方形

【式】

答え(　　　)

❸ たてが 9 m、横が 14 m の長方形

【式】

答え(　　　)

❹ 1 辺が 7 m の正方形

【式】

答え(　　　)

答えは
68ページ

月　日

9 面積
(面積①)

／100点

1 1辺が5cmの正方形㋐と、たてが6cm、横が4cmの長方形㋑があります。　1つ9〔36点〕

❶ 1めもりが1cmの方眼紙にかくと、それぞれ1辺が1cmの正方形の何こ分でしょうか。

㋐(　　　)　㋑(　　　)

❷ ㋐、㋑の面積は、それぞれ何cm^2でしょうか。

㋐(　　　)　㋑(　　　)

2 次の正方形や長方形の面積を求めましょう。　1つ8〔64点〕

❶ 1辺が23cmの正方形

【式】

答え(　　　)

❷ たてが80mm、横が12cmの長方形

【式】

答え(　　　)

❸ 9cm、6cm の長方形

【式】

答え(　　　)

❹ 18m、18m の正方形

【式】

答え(　　　)

答えは68ページ

月　　日

9 面積
(面 積 ②)

／100点

1 □にあてはまる数を書きましょう。 1つ7〔28点〕

❶ $5\,km^2$＝□m^2　❷ $200\,m^2$＝□a

❸ 40a＝□m^2　❹ 3ha＝□m^2

2 下の図形の、色がついた部分の面積(めんせき)を求(もと)めましょう。 1つ10〔40点〕

❶

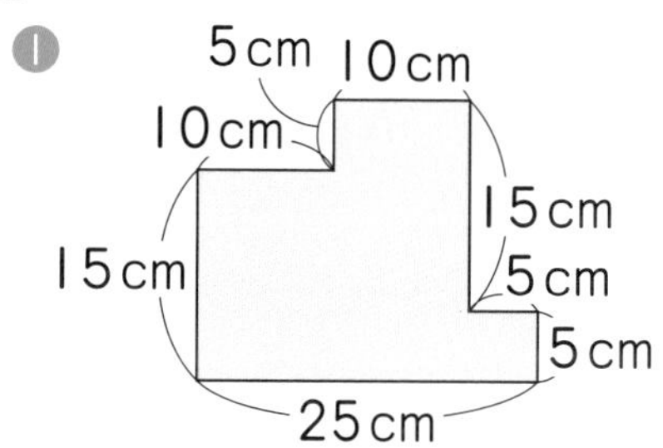

❷

16cm　8cm　6cm　25cm

【式】

答え（　　　）

【式】

答え（　　　）

3 たてが 10m、横が 20m の長方形の形をしたプールの面積は何a でしょうか。 1つ8〔16点〕

【式】

答え（　　　）

4 長方形の形をした 3ha の農地を作りたいと思います。たてを 300m にすると、横は何m でしょうか。 1つ8〔16点〕

【式】

答え（　　　）

答えは 68ページ

月　　日

9 面 積
(面 積 ②)

／100点

1 □にあてはまる数を書きましょう。 1つ7〔42点〕

❶ $500000\,m^2$＝□ha　❷ $2\,km^2$＝□m^2

❸ $150000\,m^2$＝□a　❹ $8000000\,m^2$＝□km^2

❺ $3\,m^2$＝□cm^2　❻ $600000\,cm^2$＝□m^2

2 下の図形の、色がついた部分の面積(めんせき)を求(もと)めましょう。 1つ10〔40点〕

❶

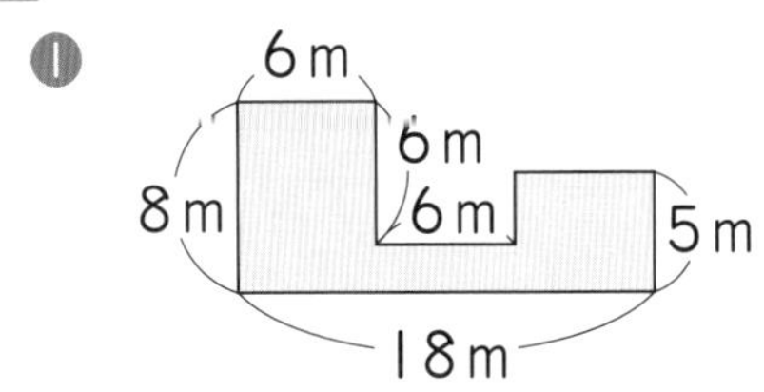

【式】

答え（　　　）

❷

10km
3km
3km
17km

【式】

答え（　　　）

3 面積が $90\,km^2$ で、たての長さが 6km の長方形の横の長さは何 km でしょうか。 1つ9〔18点〕

6km
$90\,km^2$

【式】

答え（　　　）

答えは
69ページ

月　日

10　整理のしかた

／100点

1 右の１週間に学校で起きたけがの記録（きろく）を、下のけがの種類（しゅるい）とけがをした場所がわかる１つの表に整理しましょう。〔40点〕

けがの種類と場所　（人）

けがの種類＼場所	教室	ろう下	体育館	校庭	合計
すりきず	1				
切りきず	3				
つき指					
打ぼく					
ねんざ					
合計					㋐

2 **1** の表を見て、次の問題に答えましょう。1つ20〔60点〕

❶ けがをした人数がいちばん多い場所はどこでしょうか。

（　　　　）

❷ いちばん多いけがの種類は何でしょうか。

（　　　　）

❸ 右下の㋐に入る数は、何を表しているでしょうか。

（　　　　）

けがの種類と場所

学年	けがの種類	場所
3	打ぼく	体育館
2	すりきず	ろう下
3	すりきず	校庭
1	すりきず	教室
4	切りきず	校庭
3	ねんざ	校庭
3	つき指	校庭
2	すりきず	体育館
5	つき指	体育館
1	すりきず	ろう下
6	打ぼく	校庭
5	すりきず	体育館
3	すりきず	校庭
6	切りきず	教室
4	すりきず	校庭
1	ねんざ	体育館
4	打ぼく	校庭
6	切りきず	教室
2	つき指	体育館
5	つき指	ろう下
5	すりきず	体育館
3	打ぼく	ろう下
2	打ぼく	ろう下
6	切りきず	教室
6	つき指	教室
6	すりきず	校庭
6	ねんざ	体育館
4	すりきず	校庭

答えは69ページ

月　日

10分

10　整理のしかた

／100点

1 下の表は、犬とねこについて好(す)きかきらいかを調べたものです。

1つ25〔100点〕

犬、ねこ調べ　○…好き、×…きらい

名　前	犬	ねこ
ひろし	○	○
ゆかり	×	○
のりお	×	×
み　き	○	×
やすこ	○	×
じろう	○	○
り　か	×	○
けいこ	×	×

名　前	犬	ねこ
ゆうた	×	○
まさお	○	○
ゆみこ	×	○
よしお	○	×
み　か	○	○
けんじ	×	○
ひさし	○	×
ようこ	×	×

❶ 右の表の㋐に入る数は、何を表しているでしょうか。

（　　　　　　　　　）

❷ 右の表の㋔に入る数は、何を表しているでしょうか。

（　　　　　　　　　）

❸ 右の表の㋗に入る数は、何を表しているでしょうか。

（　　　　　　　　　）

犬、ねこ調べ　（人）

<table>
<tr><td colspan="2" rowspan="2"></td><td colspan="2">ねこ</td><td rowspan="2">合計</td></tr>
<tr><td>○</td><td>×</td></tr>
<tr><td rowspan="2">犬</td><td>○</td><td>㋐</td><td>㋑</td><td>㋒</td></tr>
<tr><td>×</td><td>㋓</td><td>㋔</td><td>㋕</td></tr>
<tr><td colspan="2">合計</td><td>㋖</td><td>㋗</td><td>㋘</td></tr>
</table>

❹ 上の表の㋐〜㋘にあてはまる数を書きましょう。

答えは
69ページ

教科書 ㊦ 38〜45 ページ

月　　日

11　くらべ方
(くらべ方 ①)

／100点

1 21cm の緑のリボンと、7cm の赤のリボンがあります。緑のリボンの長さは、赤のリボンの長さの何倍でしょうか。　1つ16〔32点〕

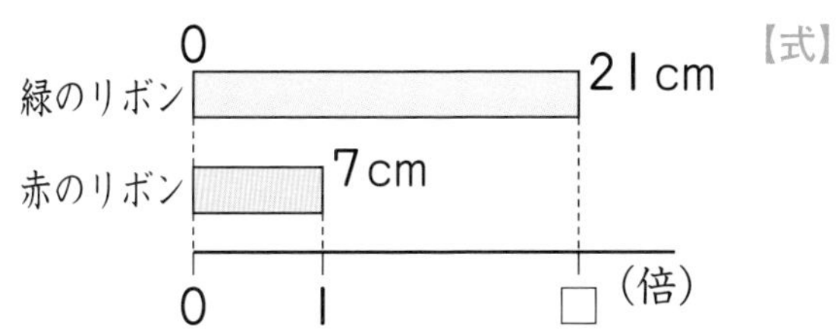

【式】

答え(　　　　　)

2 タンクに入っている油は 72L で、かんに入っている油の 6 倍です。かんに入っている油は何 L でしょうか。　1つ16〔32点〕

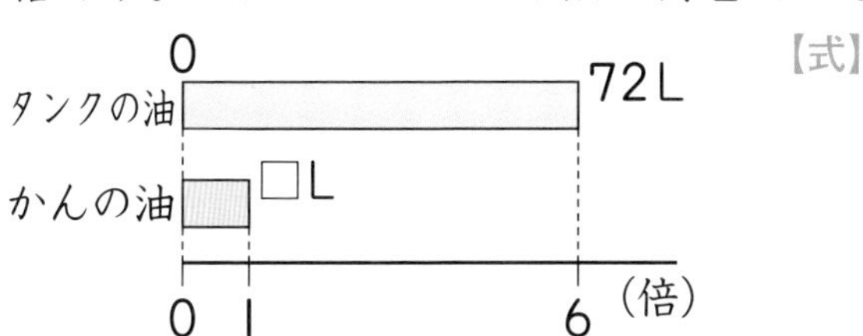

【式】

答え(　　　　　)

3 はるなさんは、シールを 26 まい持っています。なつきさんの持っているシールの数は、はるなさんの 4 倍です。なつきさんは、何まいシールを持っているでしょうか。　1つ18〔36点〕

【式】

答え(　　　　　)

答えは
69ページ

月　　日

11　くらべ方
(くらべ方 ①)

／100点

1 赤、青、白のリボンがあります。赤のリボンの長さは 45cm、青のリボンの長さは 5cm で、赤のリボンの長さは白のリボンの長さの 3 倍です。

1つ10〔40点〕

❶ 赤のリボンの長さは、青のリボンの長さの何倍でしょうか。

【式】

答え(　　　　　　)

❷ 白のリボンの長さは何 cm でしょうか。

【式】

答え(　　　　　　)

2 ケーキ 1 このねだんは 375 円で、クッキー 1 このねだんの 3 倍です。クッキー 1 こは何円でしょうか。

1つ15〔30点〕

【式】

答え(　　　　　　)

3 家にあるくだものの重さをはかりました。みかん 1 この重さは 130g で、りんご 1 この重さはみかんの 2 倍、メロン 1 この重さはりんごの 4 倍でした。メロン 1 この重さは何 g ですか。

1つ15〔30点〕

【式】

答え(　　　　　　)

答えは
69ページ

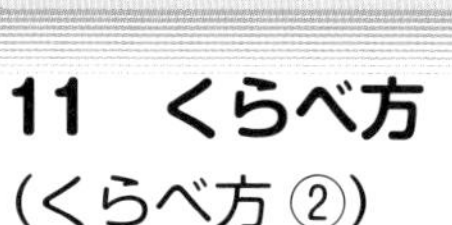

月　　日

10分

11　くらべ方
（くらべ方 ②）

／100点

1 あるスーパーマーケットのたまねぎ１ことトマト１この「もとのねだん」と「値上(ねあ)がり後のねだん」は、下の表のとおりです。

1つ20〔60点〕

	もとのねだん(円)	値上がり後のねだん(円)
たまねぎ	15円	60円
トマト	45円	90円

❶ たまねぎとトマトの、「値上がり後のねだん」は、それぞれ、「もとのねだん」の何倍になっていますか。

たまねぎ（　　　　）　トマト（　　　　）

❷ たまねぎとトマトでは、どちらのほうが値上がりしたといえるでしょうか。

（　　　　）

2 長さが 30cm のゴムひも㋐をいっぱいまでのばすと 90cm に、長さが 60cm のゴムひも㋑をいっぱいまでのばすと 120cm になりました。どちらのほうがよくのびるといえるでしょうか。

〔40点〕

（　　　　）

答えは
69ページ

月　　日

11 くらべ方
(くらべ方 ②)

／100点

1 赤、青、黄の３本のゴムひもをいっぱいまでのばした長さは、下の表のとおりです。

1つ30〔60点〕

	もとの長さ(cm)	いっぱいまでのばした長さ(cm)
赤	40	120
青	90	180
黄	45	135

❶ 同じのび方をしているのは、どのゴムひもとどのゴムひもでしょうか。

(　　　　　　)

❷ 赤のゴムひもと同じゴムひもを、10cm に切り取って、いっぱいまでのばすと、何cm になるでしょうか。

(　　　　　　)

2 体長 30cm のうさぎは、１回のジャンプで 120cm のきょりをとびました。体長 4cm のかえるは、１回のジャンプで 60cm のきょりをとびました。体長をもとにしたときの、とんだきょりの割合(わりあい)でくらべると、どちらのほうがとんだといえるでしょうか。

〔40点〕

(　　　　　　)

答えは 69ページ

12　小数のしくみとたし算、ひき算
(小数のしくみとたし算、ひき算 ①)

／100点

1 次のかさは何Lでしょうか。　1つ10〔20点〕

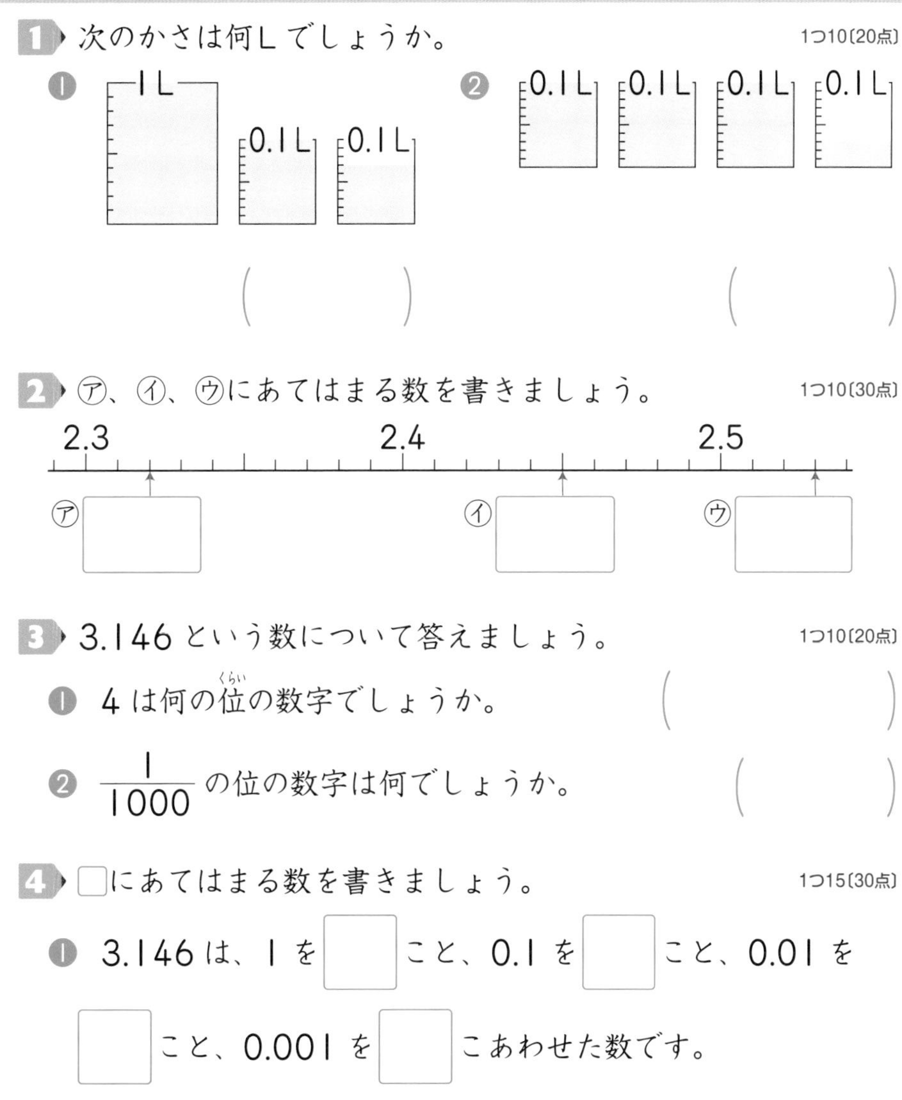

❶ (　　　　)　❷ (　　　　)

2 ㋐、㋑、㋒にあてはまる数を書きましょう。　1つ10〔30点〕

㋐ □　㋑ □　㋒ □

3 3.146 という数について答えましょう。　1つ10〔20点〕

❶ 4 は何の位(くらい)の数字でしょうか。　(　　　　)

❷ $\frac{1}{1000}$ の位の数字は何でしょうか。　(　　　　)

4 □にあてはまる数を書きましょう。　1つ15〔30点〕

❶ 3.146 は、1 を □ こと、0.1 を □ こと、0.01 を □ こと、0.001 を □ こあわせた数です。

❷ 3.146 は、0.001 を □ こあつめた数です。

答えは 69ページ

12　小数のしくみとたし算、ひき算

(小数のしくみとたし算、ひき算 ①)

／100点

1 次の重さは何kgでしょうか。　1つ6〔12点〕

❶ 3kg840g (　　　)　❷ 38g (　　　)

2 次の数は、0.01 を何こあつめた数でしょうか。　1つ6〔12点〕

❶ 0.17 (　　　)　❷ 3.5 (　　　)

3 ㋐から㋓にあてはまる数を書きましょう。　1つ7〔28点〕

9.9　9.95　10

㋐ □　㋑ □　㋒ □　㋓ □

4 次の数を、小さい順(じゅん)に記号で答えましょう。　〔12点〕

㋐ 7.608　㋑ 6.078　㋒ 7.68　㋓ 6.087　㋔ 7.086

(　→　→　→　→　)

5 次の数の 10 倍の数、$\frac{1}{10}$ の数を書きましょう。　1つ6〔36点〕

❶ 5.23　❷ 43.65　❸ 9.154

10倍 (　　　)　10倍 (　　　)　10倍 (　　　)

$\frac{1}{10}$ (　　　)　$\frac{1}{10}$ (　　　)　$\frac{1}{10}$ (　　　)

答えは 69ページ

12　小数のしくみとたし算、ひき算

(小数のしくみとたし算、ひき算 ②)

／100点

1 計算をしましょう。　1つ6〔54点〕

❶ $\begin{array}{r} 4.62 \\ +\ 2.73 \\ \hline \end{array}$　❷ $\begin{array}{r} 0.86 \\ +\ 0.56 \\ \hline \end{array}$　❸ $\begin{array}{r} 1.725 \\ +\ 3.438 \\ \hline \end{array}$

❹ $\begin{array}{r} 0.043 \\ +\ 0.057 \\ \hline \end{array}$　❺ $\begin{array}{r} 1.07 \\ +\ 0.854 \\ \hline \end{array}$　❻ $\begin{array}{r} 6.24 \\ -\ 3.73 \\ \hline \end{array}$

❼ $\begin{array}{r} 4.57 \\ -\ 3.86 \\ \hline \end{array}$　❽ $\begin{array}{r} 12.39 \\ -\ 4.79 \\ \hline \end{array}$　❾ $\begin{array}{r} 11.43 \\ -\ 4.8 \\ \hline \end{array}$

2 計算をしましょう。　1つ10〔30点〕

❶ 14.6＋4.28　❷ 0.5－0.28　❸ 1－0.853

3 重さが0.56kgの箱に、4.57kgのりんごが入っています。全体の重さは何kgでしょうか。　1つ8〔16点〕

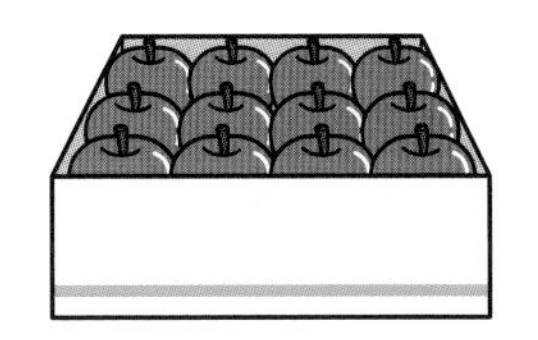

【式】

答え（　　　　　）

答えは
70ページ

かくにん 21

教科書 ㊦ 56〜61 ページ

月　日

10分

12　小数のしくみとたし算、ひき算
(小数のしくみとたし算、ひき算 ②)

／100点

1 計算をしましょう。　1つ6〔18点〕

❶
```
   6.9 4
 + 0.7 8 1
```
❷
```
   1 3.6
 −   9.8 4
```
❸
```
   5.9 8
 − 0.8 9 1
```

2 計算をしましょう。　1つ9〔54点〕

❶ $0.72+3.98$　❷ $0.754+6.39$　❸ $37+4.68$

❹ $13.6-9.84$　❺ $21-0.73$　❻ $8-2.743$

3 計算をしましょう。　1つ7〔28点〕

❶ $(2.93+3.28)+1.56$　❷ $2.93+(3.28+1.56)$

❸ $12.4+7.28+2.72$　❹ $2.54+1.98+3.46$

答えは 70ページ

月　　日

13 変わり方

／100点

1 下の表は、20 このおはじきをみほさんとけんさんで分けるときに、それぞれが受け取る数を整理したものです。 1つ15〔45点〕

みほの数(こ)	1	2	3	4	5	6	7	8	9
けんの数(こ)									

❶ 上の表のあいているところに、あてはまる数を書きましょう。

❷ みほさんのおはじきの数を○こ、けんさんのおはじきの数を△こととして、○と△の関係（かんけい）を式に表しましょう。

（　　　　　　　　）

❸ みほさんのおはじきが 13 このとき、けんさんのおはじきは何こでしょうか。

（　　　　　　　　）

2 24cm の長さのひもがあります。このひもを使って長方形を作ります。 1つ15〔30点〕

❶ たての長さを○cm、横の長さを△cm として、○と△の関係を式に表しましょう。

（　　　　　　　　）

❷ ❶のとき、たての長さが 1cm 長くなると、横の長さはどのように変（か）わるでしょうか。

（　　　　　　　　）

3 正方形の 1 辺（ぺん）の長さを 1cm ずつ長くして、正方形の周（まわ）りの長さの変わり方を調べます。1 辺の長さが○cm のときの周りの長さを△cm として、○と△の関係を式に表しましょう。 〔25点〕

（　　　　　　　　）

答えは 70ページ

月　日

13 変わり方

／100点

1 横の長さが 4cm の長方形があります。たての長さを変(か)えると、面積(めんせき)はどのように変わるか調べましょう。　1つ20〔100点〕

4cm
1cm
2cm
3cm

❶ たての長さを 1cm、2cm、…、6cm のときの長方形の面積を調べて、下の表に整理しましょう。

たての長さ (cm)	1	2	3	4	5	6
面積 (cm^2)						

❷ たての長さが 1cm ふえると、面積はどのように変わるでしょうか。

（　　　　　　　　　　）

❸ たての長さを ○cm、面積を △cm^2 として、○と△の関係(かんけい)を式に表しましょう。

（　　　　　　）

❹ たての長さが 15cm のとき、面積は何 cm^2 になるでしょうか。

（　　　　　　）

❺ 面積が 40cm^2 のとき、たての長さは何 cm になるでしょうか。

（　　　　　　）

答えは
70ページ

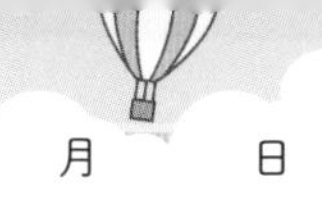

教科書 ㊦ 72～74 ページ

月　　日

14　そろばん

／100点

1 そろばんに、次の数を入れます。入れるたまをぬりましょう。

1つ15〔60点〕

❶ 3474800（m）

月の直径（ちょっけい）

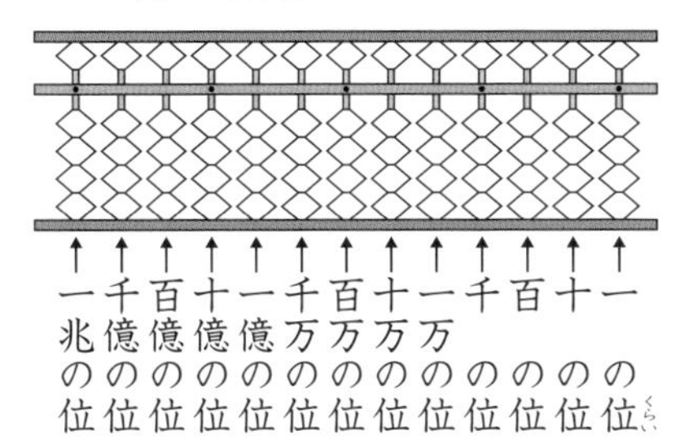

❷ 1079252848800（m）

光が1時間に進むきょり

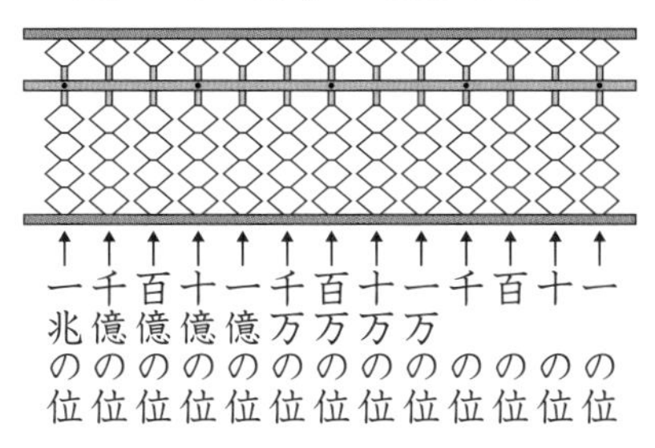

❸ 36.7（度）

夏のある日の気温

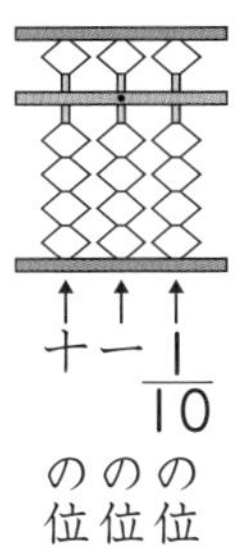

❹ 2.26（cm）

100円玉の直径

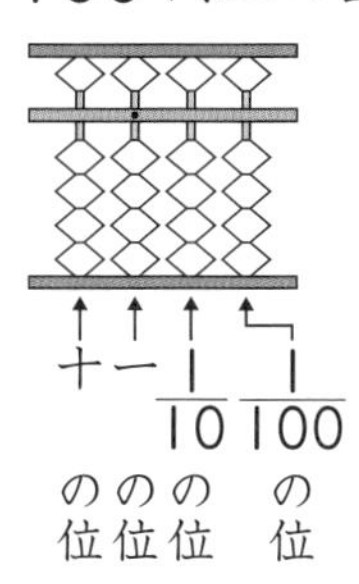

2 そろばんを使って、計算しましょう。

1つ10〔40点〕

❶ 54＋32

❷ 231＋456

❸ 76－43

❹ 651－320

答えは
70ページ

教科書 ㊦ 72～74 ページ

月　日

14　そろばん

／100点

1 そろばんを使って、計算しましょう。　1つ5〔40点〕

❶ 43＋24　❷ 5＋99

❸ 66＋28　❹ 243＋325

❺ 58－34　❻ 62－37

❼ 108－9　❽ 647－443

2 そろばんを使って、計算しましょう。　1つ6〔60点〕

❶ 4.12＋3.81　❷ 2.9＋4.26

❸ 2.39＋5.54　❹ 40 億（おく）＋30 億

❺ 17 兆（ちょう）＋42 兆　❻ 7.69－4.38

❼ 1.01－0.09　❽ 0.8－0.65

❾ 60 億－40 億　❿ 64 兆－43 兆

答えは 70ページ

月　日

15　小数と整数のかけ算、わり算

(小数と整数のかけ算、わり算 ①)

／100点

1 計算をしましょう。　1つ5〔30点〕

❶ 0.4×2　❷ 0.9×7　❸ 0.6×3

❹ 0.4×5　❺ 0.8×6　❻ 0.5×8

2 計算をしましょう。　1つ6〔54点〕

❶ 1.4×6　❷ 15.7×9　❸ 0.3×4

❹ 7.5×6　❺ 2.73×5　❻ 0.048×7

❼ 6.9×73　❽ 80.3×46　❾ 3.65×38

3 バケツの水を、ペットボトルに0.8Lずつ入れると、ちょうど15本分になりました。バケツには何Lの水が入っていたでしょうか。　1つ8〔16点〕

【式】

答え（　　　　）

答えは
70ページ

教科書 ㊦ 77～82 ページ　　月　　日

15　小数と整数のかけ算、わり算
（小数と整数のかけ算、わり算 ①）

／100点

1 計算をしましょう。　1つ8〔72点〕

❶ 3.5×9

❷ 18.2×5

❸ 2.9×7

❹ 0.8×49

❺ 8.5×28

❻ 0.14×6

❼ 1.704×7

❽ 0.519×74

❾ 1.625×24

2 1mの重さが3.8kgの鉄のぼうがあります。　1つ7〔28点〕

❶ この鉄のぼう4mの重さは何kgでしょうか。

【式】

答え（　　　　　　）

❷ この鉄のぼう25mの重さは何kgでしょうか。

【式】

答え（　　　　　　）

答えは70ページ

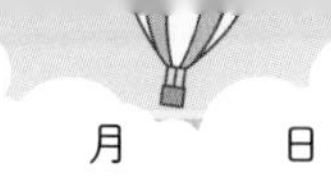

月　　日

10分

15　小数と整数のかけ算、わり算
(小数と整数のかけ算、わり算 ②)

／100点

1 計算をしましょう。　1つ8〔24点〕

❶ 3)8.1　　❷ 29)20.3　　❸ 4)7.96

2 計算をしましょう。　1つ9〔36点〕

❶ 19.98÷9　　❷ 66.13÷17

❸ 7.765÷5　　❹ 4.386÷51

3 わりきれるまで計算しましょう。　1つ8〔24点〕

❶ 5)1.79　　❷ 35)0.42　　❸ 8)34

4 8.75mのリボンを5人で等分すると、1人分は何mになるでしょうか。　1つ8〔16点〕

【式】

答え（　　　　）

答えは
71ページ

15　小数と整数のかけ算、わり算
(小数と整数のかけ算、わり算 ②)

／100点

1 計算をしましょう。　1つ8〔40点〕

❶ 9.6÷4　❷ 47.6÷7　❸ 9.1÷13

❹ 4.23÷9　❺ 2.829÷23

2 わりきれるまで計算しましょう。　1つ8〔32点〕

❶ 89.1÷15　❷ 23.96÷8

❸ 1.26÷45　❹ 13÷8

3 ある数を 12 でわるところを、2 でわったため、答えが 79.8 になりました。正しい答えはいくつでしょうか。　1つ7〔14点〕

【式】

答え(　　　　)

4 8m のロープの重さをはかったら 5.4kg でした。このロープ 1m の重さは何kg でしょうか。

【式】　1つ7〔14点〕

答え(　　　　)

答えは 71ページ

月　　日

15　小数と整数のかけ算、わり算
(小数と整数のかけ算、わり算 ③)

／100点

1 商は四捨五入して、$\frac{1}{10}$ の位までのがい数で求めましょう。

1つ10〔30点〕

❶ 6÷11　　❷ 34.3÷9　　❸ 17.4÷26

2 商は一の位まで求めて、あまりも求めましょう。　1つ10〔30点〕

❶ $9\overline{)74.9}$　　❷ $16\overline{)60.8}$　　❸ $8\overline{)15.32}$

3 商は $\frac{1}{10}$ の位まで求めて、あまりも求めましょう。　1つ10〔30点〕

❶ $5\overline{)19.7}$　　❷ $17\overline{)28.4}$　　❸ $6\overline{)13}$

4 青のリボンの長さは8mで、赤のリボンの長さは5mです。青のリボンの長さは、赤のリボンの長さの何倍でしょうか。

【式】

1つ5〔10点〕

答え（　　　　　　）

答えは
71ページ

15　小数と整数のかけ算、わり算
(小数と整数のかけ算、わり算 ③)

／100点

1 商は $\frac{1}{10}$ の位(くらい)まで求(もと)めて、あまりも求めましょう。　1つ10〔40点〕

❶ 50.5÷3　❷ 23.4÷8

❸ 77.9÷35　❹ 16.1÷17

2 3.96mのテープを24人で等分すると、1人分は約(やく)何mになるでしょうか。商は四(し)捨五入(しゃごにゅう)して、$\frac{1}{100}$ の位までのがい数で求めましょう。　1つ10〔20点〕

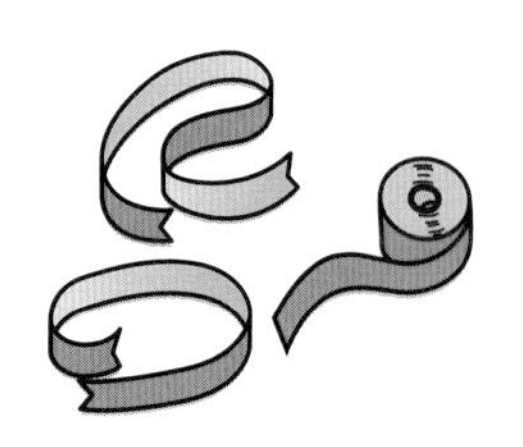

【式】

答え(　　　)

3 米8.75kgを、2kgずつふくろに入れます。2kg入りのふくろは何ふくろできて、何kgあまるでしょうか。　1つ10〔20点〕

【式】

答え(　　　)

4 図かんのねだんは2400円で、絵本のねだんは600円です。絵本のねだんは、図かんのねだんの何倍でしょうか。　1つ10〔20点〕

【式】

答え(　　　)

答えは
71ページ

月　　日

16 立体

(立体 ①)

／100点

1 下の図で、ⓐは長方形だけでかこまれた形、ⓘは正方形だけでかこまれた形、ⓤは長方形と正方形でかこまれた形です。1つ10〔80点〕

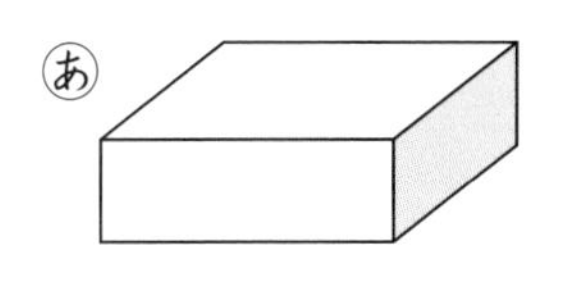

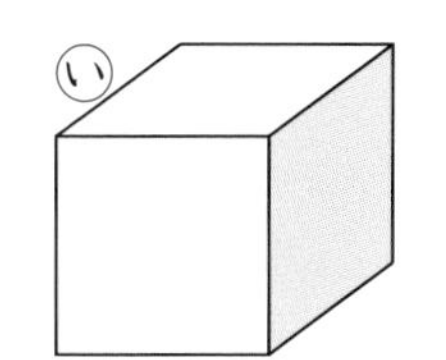

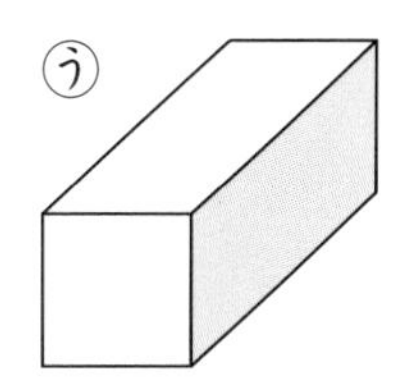

❶ ⓐ、ⓘ、ⓤは、それぞれ何という形でしょうか。

ⓐ(　　　　) ⓘ(　　　　) ⓤ(　　　　)

❷ ⓐの立体で、面の数、頂点(ちょうてん)の数、辺(へん)の数を答えましょう。

面の数 (　　　　)　頂点の数 (　　　　)　辺の数 (　　　　)

❸ ⓤの立体で、長方形の面の数と正方形の面の数を答えましょう。

長方形の面の数 (　　　　)　正方形の面の数 (　　　　)

2 右の図の直方体を見て答えましょう。

1つ10〔20点〕

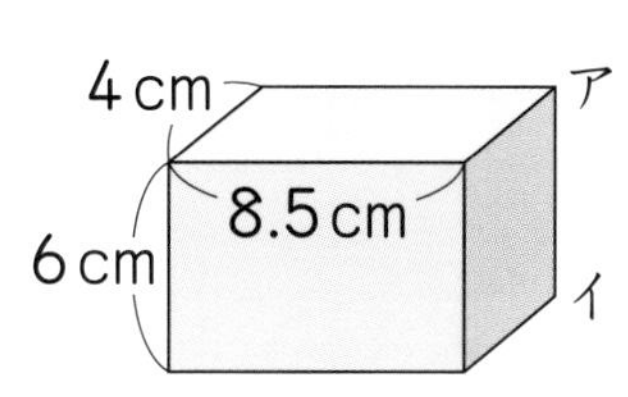

❶ 辺アイの長さは何cmでしょうか。

(　　　　)

❷ たて6cm、横8.5cmの長方形の面の数を答えましょう。

(　　　　)

答えは 71ページ

16　立体
(立体 ①)

／100点

1 右の立方体について、次の面をすべて答えましょう。　1つ10〔40点〕

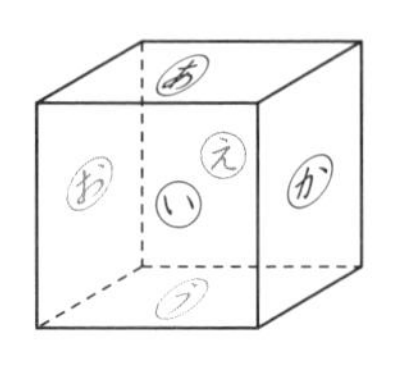

❶ 面㋒と垂直(すいちょく)な面
(　　　　)

❷ 面㋐と平行な面
(　　　　)

❸ 面㋑と平行な面
(　　　　)

❹ 面㋕と平行な面
(　　　　)

2 右の直方体について、次の面や辺(へん)をすべて答えましょう。　1つ15〔60点〕

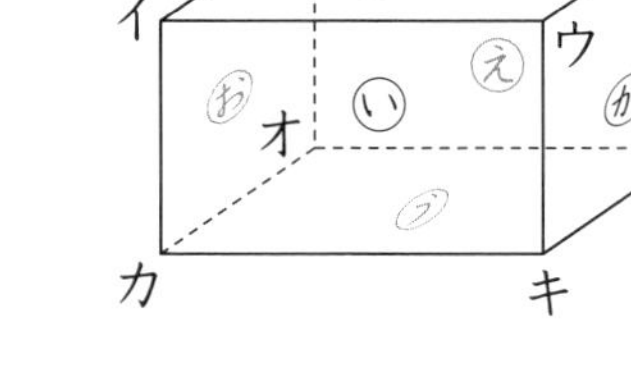

❶ 辺アイと垂直な面
(　　　　)

❷ 辺イウと平行な辺
(　　　　)

❸ 辺オクと垂直な辺
(　　　　)

❹ 面㋕と平行な辺
(　　　　)

答えは
71ページ

16　立体
(立体 ②)

／100点

1 下のあからうの図の中から、直方体の展開図を選びましょう。

〔20点〕

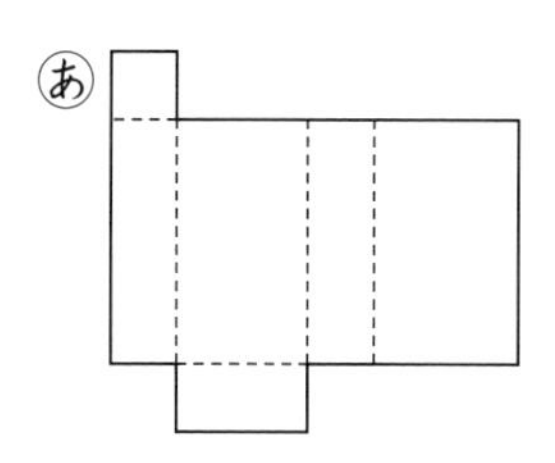
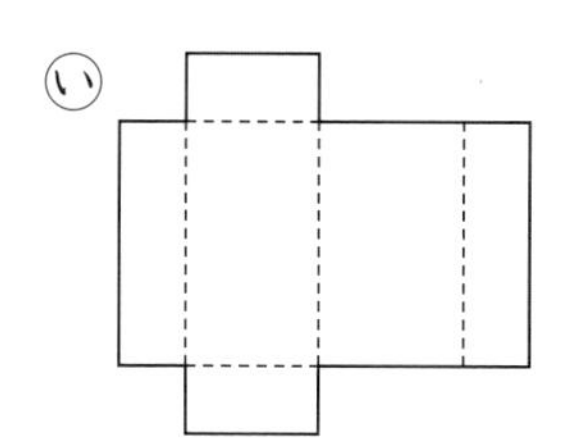
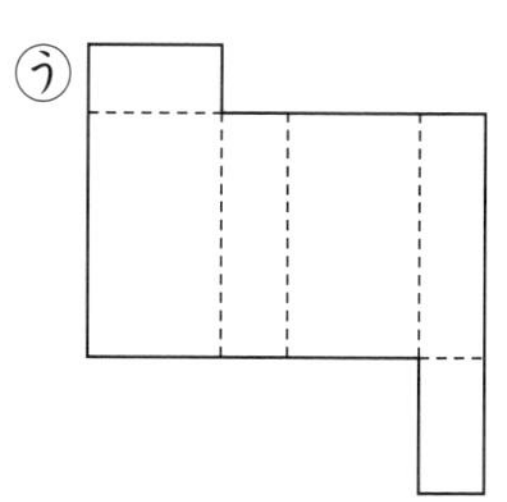

(　　　　)

2 点アの位置をもとにすると、点イの位置は、
(横 2cm　たて 5cm)
と表すことができます。　1つ16〔80点〕

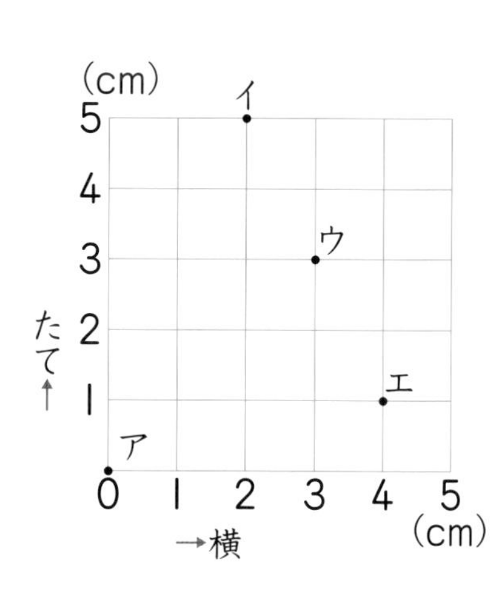

❶ 点イと同じように、点ウ、点エの位置を表しましょう。

点ウ(　　　　)

点エ(　　　　)

❷ 次の点を、図の中にかき入れましょう。

点オ(横 0cm　たて 5cm)

点カ(横 1cm　たて 3cm)

点キ(横 5cm　たて 0cm)

答えは 71ページ

月　日

16 立体

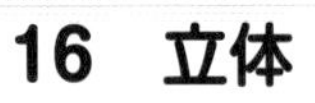

／100点

1 下のⓐからⓔの図の中から、立方体が組み立てられるものをすべて選(えら)びましょう。〔20点〕

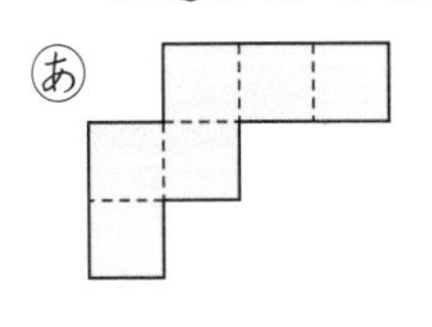

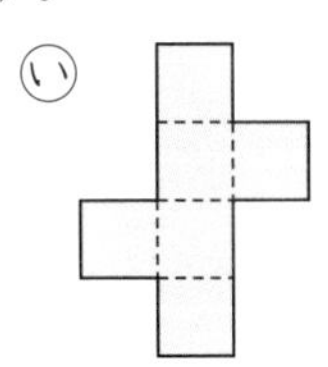

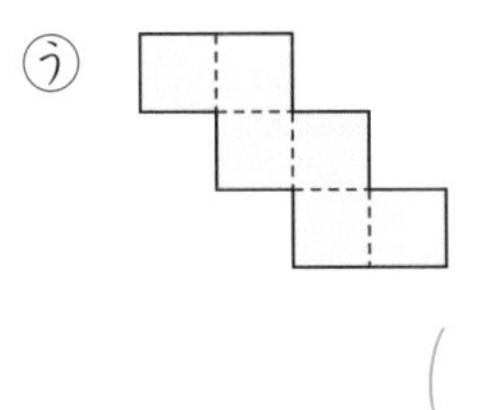

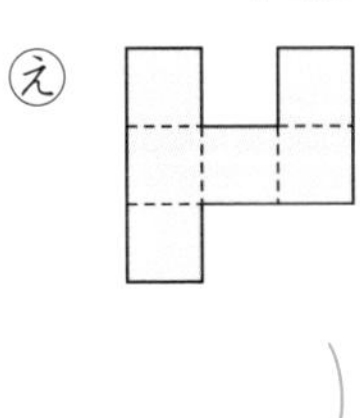

(　　　　　　　　)

2 下の図のような直方体の展開図(てんかいず)をかきましょう。〔30点〕

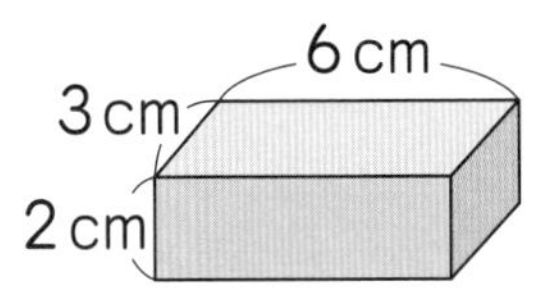

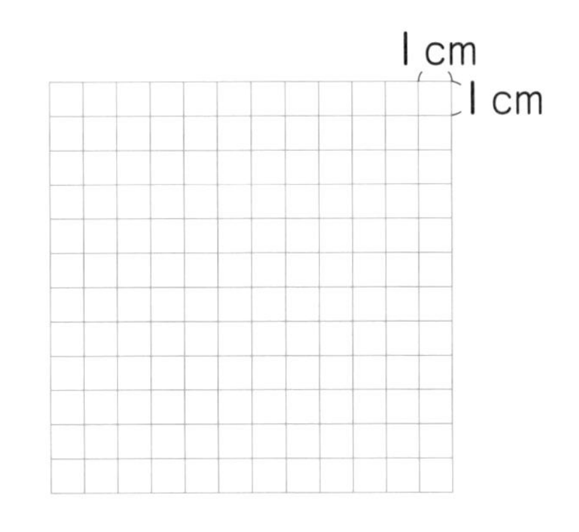

3 右のような直方体で、頂点(ちょうてん)アをもとにすると、頂点カの位置(いち)は、(横7cm　たて0cm　高さ5cm)と表すことができます。同じようにして、頂点キ、クの位置を表しましょう。1つ25〔50点〕

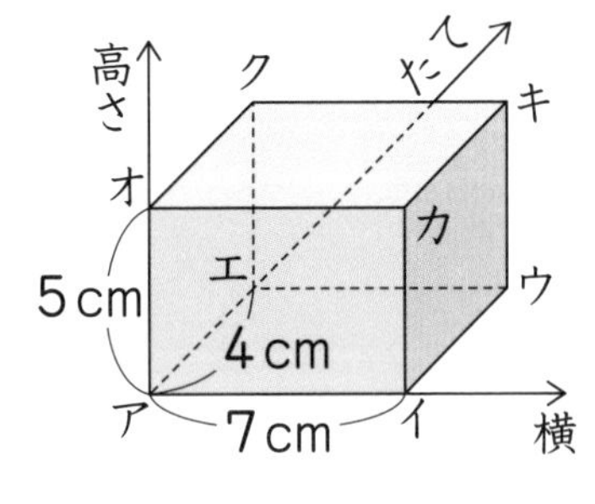

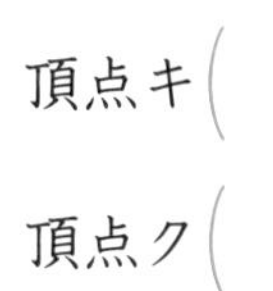

頂点キ(　　　　　　　　)

頂点ク(　　　　　　　　)

答えは 71ページ

月　　日

17　分数の大きさとたし算、ひき算

(分数の大きさとたし算、ひき算 ①)

／100点

1 右の水のかさを帯分数(たいぶんすう)と仮分数(かぶんすう)で表しましょう。　1つ6〔12点〕

(1Lのますの図が2つ)

帯分数　(　　　)　　仮分数　(　　　)

2 真分数、仮分数、帯分数に分けましょう。　1つ8〔24点〕

$\frac{1}{3}$　$\frac{9}{9}$　$1\frac{2}{9}$　$\frac{10}{7}$　$\frac{3}{4}$　$2\frac{5}{7}$　$\frac{7}{4}$　$3\frac{5}{8}$

㋐ 真分数　(　　　)　㋑ 仮分数　(　　　)　㋒ 帯分数　(　　　)

3 次の帯分数を仮分数で表しましょう。　1つ6〔24点〕

❶ $1\frac{2}{3}$　(　　　)　❷ $4\frac{5}{6}$　(　　　)

❸ $3\frac{1}{2}$　(　　　)　❹ $2\frac{4}{5}$　(　　　)

4 次の仮分数を帯分数か整数で表しましょう。　1つ6〔24点〕

❶ $\frac{20}{4}$　(　　　)　❷ $\frac{16}{7}$　(　　　)

❸ $\frac{21}{5}$　(　　　)　❹ $\frac{71}{9}$　(　　　)

5 □にあてはまる不等号(ふとうごう)を書きましょう。　1つ8〔16点〕

❶ $\frac{25}{7}$ □ $3\frac{6}{7}$　❷ $3\frac{5}{9}$ □ $\frac{30}{9}$

答えは 71ページ

月　　日

17　分数の大きさとたし算、ひき算

(分数の大きさとたし算、ひき算 ①)

／100点

1 下の数直線を見て、問題に答えましょう。　1つ10〔60点〕

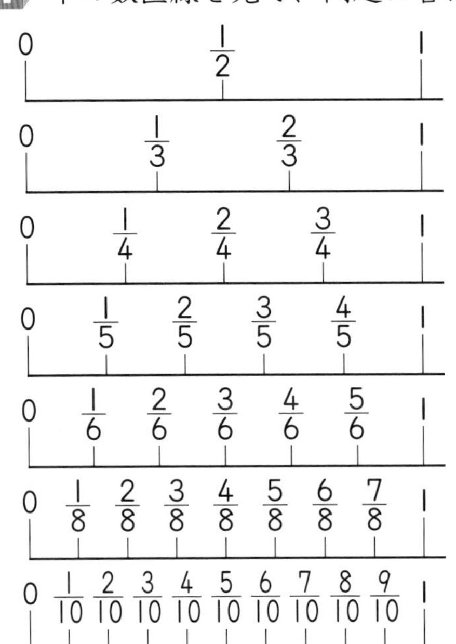

❶ □にあてはまる数を書きましょう。

㋐ $\frac{3}{4}=\frac{\square}{8}$

㋑ $\frac{4}{6}=\frac{\square}{3}$

❷ □にあてはまる不等号(ふとうごう)を書きましょう。

㋐ $\frac{3}{4}$ □ $\frac{3}{5}$

㋑ $\frac{3}{8}$ □ $\frac{3}{6}$

❸ $\frac{4}{8}$ と大きさの等しい分数をすべて書きましょう。

(　　　　　　　　)

❹ 分子が 1 の分数を、小さい順(じゅん)に書きましょう。

(　　　　　　　　)

2 (　)の中の分数を、大きい順に書きましょう。　1つ20〔40点〕

❶ $\left(\frac{2}{9}、\frac{2}{7}、\frac{2}{3}\right)$

(　　　、　　　、　　　)

❷ $\left(\frac{5}{3}、\frac{5}{6}、\frac{5}{5}\right)$

(　　　、　　　、　　　)

答えは 72ページ

月　　日

10分

17　分数の大きさとたし算、ひき算

(分数の大きさとたし算、ひき算 ②)

／100点

1 計算をしましょう。　1つ6〔60点〕

❶ $\frac{4}{7}+\frac{6}{7}$

❷ $\frac{9}{8}+\frac{7}{8}$

❸ $1\frac{1}{5}+3\frac{2}{5}$

❹ $\frac{5}{6}+2\frac{2}{6}$

❺ $2+3\frac{5}{9}$

❻ $\frac{6}{9}-\frac{2}{9}$

❼ $1\frac{1}{7}-\frac{5}{7}$

❽ $5\frac{7}{8}-1\frac{4}{8}$

❾ $2\frac{2}{4}-\frac{3}{4}$

❿ $6-2\frac{5}{7}$

2 ちひろさんは、算数を $\frac{5}{6}$ 時間、国語を $\frac{7}{6}$ 時間勉強しました。あわせて何時間勉強したでしょうか。　1つ10〔20点〕

【式】

答え（　　　　　）

3 牛にゅうが $1\frac{1}{5}$L あります。$\frac{2}{5}$L 飲むと、残(のこ)りは何Lになるでしょうか。　1つ10〔20点〕

【式】

答え（　　　　　）

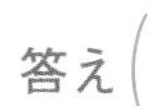

答えは 72ページ

月　　日

17　分数の大きさとたし算、ひき算

(分数の大きさとたし算、ひき算 ②)

／100点

1 計算をしましょう。　1つ9〔72点〕

❶ $\frac{6}{9}+\frac{7}{9}$

❷ $\frac{9}{4}+\frac{3}{4}$

❸ $1\frac{5}{7}+2\frac{4}{7}$

❹ $5+3\frac{4}{5}$

❺ $\frac{11}{6}-\frac{5}{6}$

❻ $2\frac{7}{9}-\frac{5}{9}$

❼ $7\frac{1}{10}-6\frac{8}{10}$

❽ $7-4\frac{6}{7}$

2 工作で、よしこさんは $\frac{4}{8}$m^2、あきらさんは $\frac{7}{8}$m^2 のあつ紙を使いました。　1つ7〔28点〕

❶ 使ったあつ紙の面積(めんせき)は、あわせて何m^2 でしょうか。

【式】

答え(　　　　　　)

❷ どちらがどれだけ多くのあつ紙を使ったでしょうか。

【式】

答え(　　　　　　)

答えは 72ページ

月　　日

4 年のまとめ
(力だめし ①)

／100点

1 376322l5086075 を漢字で書きましょう。 〔10点〕

(　　　　　　　　　　　　　　　　)

2 計算をしましょう。わり算の商は一の位まで整数で求めて、わりきれないときはあまりも求めましょう。 1つ9〔54点〕

❶ 386×729

❷ 508×941

❸ 463×280

❹ $207 \div 5$

❺ $94 \div 18$

❻ $851 \div 23$

3 次の帯分数を仮分数で、仮分数を帯分数で表しましょう。 1つ6〔12点〕

❶ $3\frac{5}{9}$ (　　　)　　❷ $\frac{31}{7}$ (　　　)

4 計算をしましょう。 1つ6〔24点〕

❶ $\frac{6}{7}+\frac{5}{7}$

❷ $\frac{7}{9}+2\frac{4}{9}$

❸ $\frac{7}{5}-\frac{3}{5}$

❹ $2\frac{3}{8}-\frac{6}{8}$

答えは 72ページ

月　日

4 年のまとめ
(力だめし ②)

／100点

1 計算をしましょう。わり算は、わりきれるまでしましょう。

1つ8〔56点〕

❶
$$\begin{array}{r} 1.46 \\ +\ 4.28 \\ \hline \end{array}$$

❷
$$\begin{array}{r} 0.098 \\ +\ 0.052 \\ \hline \end{array}$$

❸
$$\begin{array}{r} 7.29 \\ -\ 5.45 \\ \hline \end{array}$$

❹
$$\begin{array}{r} 13 \\ -\ \ 2.08 \\ \hline \end{array}$$

❺
$$\begin{array}{r} 0.84 \\ \times\ \ 59 \\ \hline \end{array}$$

❻
$$\begin{array}{r} 7.95 \\ \times\ \ 26 \\ \hline \end{array}$$

❼ $23.4 \div 6$

2 次の面積(めんせき)を、[　]の中の単位(たんい)で求(もと)めましょう。

1つ7〔28点〕

❶ 1 辺(ぺん)が 30 cm の正方形の面積 [cm^2]

【式】

答え（　　　　）

❷ たて 180 m、横 25 m の長方形の面積 [a]

【式】

答え（　　　　）

3 下のあ、いの角度を、それぞれはかりましょう。

1つ8〔16点〕

❶

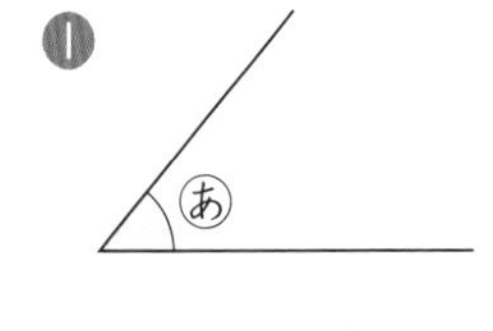

（　　　　）

❷

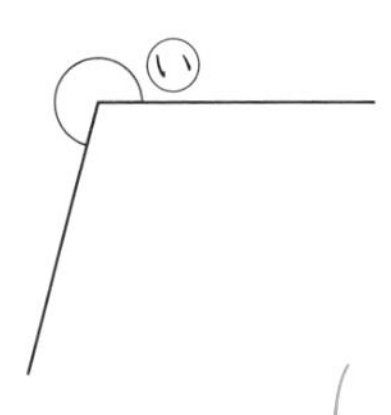

（　　　　）

答えは
72ページ

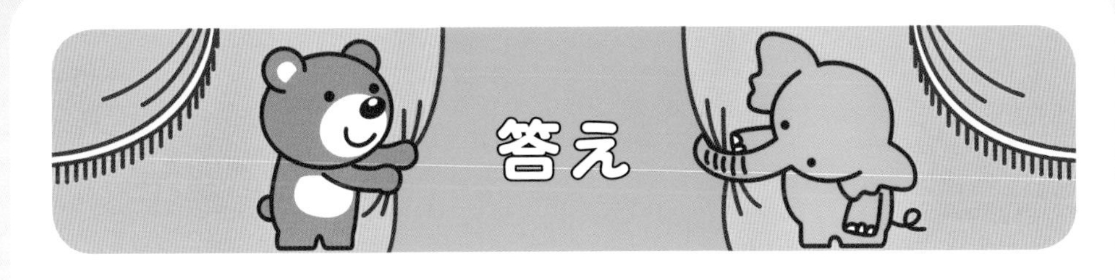

1　3・4ページ

1 ❶ ㋐ 一億（おく）　㋑ 一兆（ちょう）
❷ 四百三十二兆六千百五十九億

2 ❶ 468930000
❷ 6032000000000

3 ❶ 和…872億　差（さ）…708億
❷ 和…916兆　差…748兆

4 大…4987653210
小…4012356789

★ ★ ★

1 ❶ 八兆三百五十二億八百九十万十八
❷ 三千四兆九十六億二千万五百八十

2 ❶ 1兆　❷ 6、5　❸ 8000

3 ❶ 5300、53
❷ 6、8000、680

4 ❶ 和…843兆　差…209兆
❷ 和…1134億　差…516億

2　5・6ページ

1 ❶ 160160　❷ 138072
❸ 118140　❹ 310194
❺ 443445　❻ 414720
❼ 246135　❽ 133440

2 ❶ 210000　❷ 174000
❸ 910000　❹ 26800000
❺ 640億　❻ 7200兆

★ ★ ★

1 ❶ 176530　❷ 229193
❸ 273104　❹ 114185
❺ 297279　❻ 241736
❼ 6290000　❽ 172800000
❾ 1680億　❿ 5400兆

2 435×132=57420
答え 57420円

3　7・8ページ

1 ❶ 13　❷ 39あまり1　❸ 17
❹ 33　❺ 8あまり2　❻ 20

2 ❶ 98÷7=14　答え 14まい
❷ 98÷4=24あまり2
答え 24人に分けられて、2まいあまる。

★ ★ ★

1 ❶ 12あまり2　❷ 15
❸ 47あまり1　❹ 28
❺ 6あまり2　❻ 10あまり6

2 ❶ 18あまり1、2×18+1=37
❷ 13あまり2、4×13+2=54
❸ 27あまり2、3×27+2=83
❹ 9あまり1、5×9+1=46

3 86÷7=12あまり2
答え 12箱できて、2こあまる。

4　9・10ページ

1 ❶ 234　❷ 139 あまり 2
❸ 208　❹ 67 あまり 5
❺ 64　❻ 302 あまり 2

2 843÷6＝140 あまり 3
答え 140 ケースできて、3 本あまる。

3 936÷8＝117　答え 117 円

4 ❶ 22　❷ 24　❸ 12
❹ 13

★ ★ ★

1 ❶ 175 あまり 2　❷ 103 あまり 3
❸ 190 あまり 2　❹ 150
❺ 47　❻ 162 あまり 4

2 833÷7＝119　答え 119 円

3 436÷3＝145 あまり 1
答え 145 まいになって、1 まいあまる。

4 ❶ 17　❷ 12　❸ 13
❹ 19

5　11・12ページ

1 ❶ 時こく ❷ 17 度 ❸ 9 時
❹ 13 時、24 度
❺ 13 時から 14 時の間

2 ㋓、㋐、㋒

★ ★ ★

1 ㋑

2 ❶ 右図
❷ 12 度 ❸ 14 時から 15 時の間

2 ❶

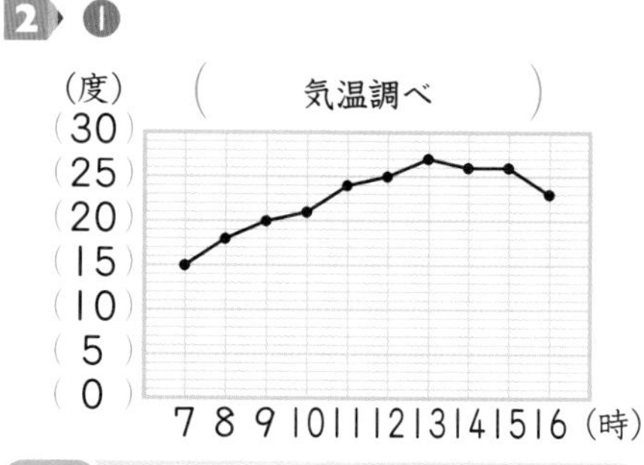

6　13・14ページ

1 ㋐ 30°　㋑ 45°　㋒ 120°　㋓ 220°

2 ㋐ 25°　㋑ 155°

3

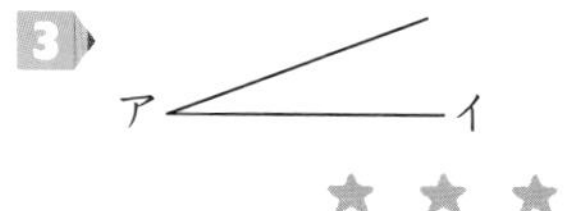

★ ★ ★

1 ㋐ 105°　㋑ 180°　㋒ 75°
㋓ 135°　㋔ 120°　㋕ 15°

2 省(しょう)りゃく

3

ア　イ

7　15・16ページ

1 ❶ 2　❷ 10
❸ 3 あまり 10　❹ 5 あまり 40
❺ 2 あまり 3　❻ 3
❼ 4 あまり 2　❽ 3 あまり 12
❾ 5 あまり 2　❿ 2 あまり 28

2 ❶ 3 あまり 7、26×3＋7＝85
❷ 3 あまり 16、18×3＋16＝70

★ ★ ★

1 ❶ 3　❷ 9
❸ 1 あまり 30　❹ 5 あまり 50
❺ 5　❻ 2 あまり 9
❼ 2 あまり 12　❽ 3 あまり 14

❾ 4あまり3　❿ 2あまり22

2 ❶ 4あまり4、 23×4+4=96

❷ 3あまり17、19×3+17=74

8　17・18ページ

1 ❶ 十　❷ 一　❸ 十

2 ❶ 7あまり8　❷ 7あまり47

❸ 7あまり14　❹ 17

❺ 25あまり6　❻ 40あまり12

3 363÷45=8あまり3

答え 8人に分けられて、3こあまる。

★★★

1 ❶ 21あまり24　❷ 7

❸ 9あまり19　❹ 133あまり6

❺ 143あまり22　❻ 40あまり21

❼ 69あまり11　❽ 83あまり5

❾ 109あまり20

2 285÷13=21あまり12

答え 21こになって、12こあまる。

9　19・20ページ

1 ❶㋐ 10　㋑ 80　㋒ 4

㋓ 20　㋔ 20

❷㋐ 2　㋑ 2　㋒ 30

㋓ 30　㋔ 30

2 ❶ 4、6　❷ 1400、20

3 ❶ 9　❷ 5　❸ 7　❹ 70

❺ 6あまり10　❻ 28あまり60

❼ 6　❽ 3

★★★

1 63、7、90、7

2 ❶ 4　❷ 24　❸ 76

❹ 16　❺ 4あまり1400

❻ 30　❼ 90　❽ 200

3 3250÷50=65　答え 65まい

10　21・22ページ

1 東市…約(やく)8万人　西市…約9万人

2 ❶ 6400　❷ 7000　❸ 46000

❹ 20000　❺ 800000　❻ 530000

❼ 2600000　❽ 400000000

3 ㋒、㋓、㋕

★★★

1 ❶ 60000　❷ 800000　❸ 120000

2 ❶ 40000　❷ 90000　❸ 2000

3 ❶ 5700　❷ 18000　❸ 500000

4 ❶ 3、4、5、6、7　❷ 5、6、7、8、9

5 55以上(いじょう)65未満(みまん)

11　23・24ページ

1 ❶ 約320円　❷ 約660円

❸ 足りる

2 ❶ 600　❷ 2700

❸ 300　❹ 300

★★★

1 約2800円

2 約80g

3 ❶ 120000　❷ 3500000

❸ 9000　❹ 200

❺ 20　❻ 750

12　25・26ページ

1 ㋑、㋒

2 直線㋑、直線㋔

3 辺(へん)エウ

4 ❶ 直線㋒と直線㋔　❷ 直線㋒と直線㋔

★ ★ ★

1 辺(へん)アエ、辺イウ

2 あ 70° い 70° う 110°

3 ❶ ❷

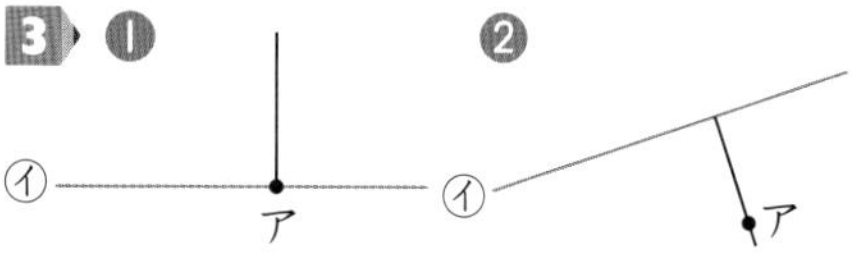

(イ) ア (イ) ア

4 ❶ ❷

ア (イ) (イ) ア

13 27・28ページ

1 ❶あ 台形 い ひし形 ❷ 辺エウ

2 ❶ 辺アエ…3cm 辺ウエ…2cm

❷あ 130° い 50°

3 省(しょう)りゃく

★ ★ ★

1 ❶ 3つ ❷

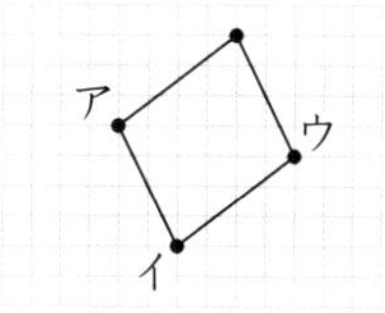

ア ウ イ

2 ❶ 正方形 ❷ 平行四辺形

❸ 長方形

3 ❶ 台形 ❷ 平行四辺形

14 29・30ページ

1 ❶ 150 ❷ 210 ❸ 4

❹ 100 ❺ 200 ❻ 44

❼ 200 ❽ 87

2 ❶ 120 ❷ 400 ❸ 138

❹ 1089

3 $(60+30)\times26=2340$

答え 2340円

★ ★ ★

1 ❶ 154 ❷ 480 ❸ 20

❹ 660 ❺ 40 ❻ 13

❼ 34 ❽ 25

2 ❶ 120 ❷ 700 ❸ 201

❹ 2646

3 $500-80\times4=180$

答え 180円

15 31・32ページ

1 あ 1cm² い 1cm² う 5cm²

え 9cm² お 12cm² か 5cm²

2 ❶ $6\times12=72$ 答え $72cm^2$

❷ $5\times5=25$ 答え $25cm^2$

❸ $9\times14=126$ 答え $126m^2$

❹ $7\times7=49$ 答え $49m^2$

★ ★ ★

1 ❶あ 25こ い 24こ

❷あ $25cm^2$ い $24cm^2$

2 ❶ $23\times23=529$ 答え $529cm^2$

❷ $8\times12=96$ 答え $96cm^2$

❸ $6\times9=54$ 答え $54cm^2$

❹ $18\times18=324$ 答え $324m^2$

16 33・34ページ

1 ❶ 5000000 ❷ 2

❸ 4000 ❹ 30000

2 ❶ $15\times10+(15+5)\times10+5\times5$

$=375$ 答え $375cm^2$

❷ $16\times25-6\times8=352$

答え $352cm^2$

3 $10\times20=200$ 答え 2a

4 $30000\div300=100$

答え 100m

★★★

1 ❶ 50 ❷ 2000000 ❸ 1500
❹ 8 ❺ 30000 ❻ 60

2 ❶ 8×6+(8−6)×6+5×(18−6−6)=90 答え $90m^2$
❷ 10×17−3×3=161
答え $161km^2$

3 90÷6=15 答え 15km

17 35・36ページ

1 けがの種類と場所 (人)

けがの種類＼場所	教室	ろう下	体育館	校庭	合計
すりきず	1	2	3	5	11
切りきず	3	0	0	1	4
つき指	1	1	2	1	5
打ぼく	0	2	1	2	5
ねんざ	0	0	2	1	3
合計	5	5	8	10	28

2 ❶ 校庭 ❷ すりきず
❸ 1週間に学校でけがをした人数の合計

★★★

1 ❶ 犬もねこも好きな人の数
❷ 犬もねこもきらいな人の数
❸ ねこがきらいな人の数の合計
❹ ㋐ 4 ㋑ 4 ㋒ 8 ㋓ 5 ㋔ 3
㋕ 8 ㋖ 9 ㋗ 7 ㋘ 16

18 37・38ページ

1 21÷7=3 答え 3倍
2 72÷6=12 答え 12L
3 26×4=104 答え 104まい

★★★

1 ❶ 45÷5=9 答え 9倍
❷ 45÷3=15 答え 15cm
2 375÷3=125 答え 125円
3 130×2=260
260×4=1040
答え 1040g

19 39・40ページ

1 ❶ たまねぎ…4倍 トマト…2倍
❷ たまねぎ
2 ゴムひもⓐ

★★★

1 ❶ 赤のゴムひもと黄のゴムひも
❷ 30cm
2 かえる

20 41・42ページ

1 ❶ 1.17L ❷ 0.33L
2 ㋐ 2.32 ㋑ 2.45 ㋒ 2.53
3 ❶ $\frac{1}{100}$の位(小数第二位) ❷ 6
4 ❶ 3、1、4、6 ❷ 3146

★★★

1 ❶ 3.84kg ❷ 0.038kg
2 ❶ 17こ ❷ 350こ
3 ㋐ 9.91 ㋑ 9.932
㋒ 9.967 ㋓ 10.005
4 ㋑→㋓→㋔→㋐→㋒
5 ❶ 10倍…52.3 $\frac{1}{10}$…0.523
❷ 10倍…436.5 $\frac{1}{10}$…4.365
❸ 10倍…91.54 $\frac{1}{10}$…0.9154

21 43・44ページ

1 ❶ 7.35　❷ 1.42　❸ 5.163
❹ 0.1　❺ 1.924　❻ 2.51
❼ 0.71　❽ 7.6　❾ 6.63

2 ❶ 18.88　❷ 0.22　❸ 0.147

3 0.56＋4.57＝5.13
答え　5.13kg

★ ★ ★

1 ❶ 7.721　❷ 3.76　❸ 5.089

2 ❶ 4.7　❷ 7.144　❸ 41.68
❹ 3.76　❺ 20.27　❻ 5.257

3 ❶ 7.77　❷ 7.77　❸ 22.4
❹ 7.98

22 45・46ページ

1 ❶ 19、18、17、16、15、14、13、12、11
❷ ○＋△＝20　❸ 7こ

2 ❶ ○＋△＝12　❷ 1cm短くなる

3 ○×4＝△

★ ★ ★

1 ❶ 4、8、12、16、20、24
❷ 4cm² ふえる
❸ ○×4＝△
❹ 60cm²　❺ 10cm

23 47・48ページ

1 ❶
一兆の位
千億の位
百億の位
十億の位
一億の位
千万の位
百万の位
十万の位
一万の位
千の位
百の位
十の位
一の位

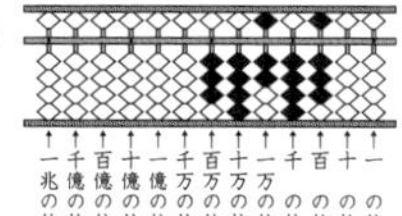

❷
一兆の位
千億の位
百億の位
十億の位
一億の位
千万の位
百万の位
十万の位
一万の位
千の位
百の位
十の位
一の位

❸
十の位
一の位
1/10の位

❹
十の位
一の位
1/10の位
1/100の位

2 ❶ 86　❷ 687　❸ 33
❹ 331

★ ★ ★

1 ❶ 67　❷ 104　❸ 94
❹ 568　❺ 24　❻ 25
❼ 99　❽ 204

2 ❶ 7.93　❷ 7.16　❸ 7.93
❹ 70億(おく)　❺ 59兆(ちょう)　❻ 3.31
❼ 0.92　❽ 0.15　❾ 20億
❿ 21兆

24 49・50ページ

1 ❶ 0.8　❷ 6.3　❸ 1.8
❹ 2　❺ 4.8　❻ 4

2 ❶ 8.4　❷ 141.3　❸ 1.2
❹ 45　❺ 13.65
❻ 0.336　❼ 503.7
❽ 3693.8　❾ 138.7

3 0.8×15＝12　答え　12L

★ ★ ★

1 ❶ 31.5　❷ 91　❸ 20.3
❹ 39.2　❺ 238　❻ 0.84
❼ 11.928　❽ 38.406　❾ 39

2 ❶ 3.8×4＝15.2　答え　15.2kg
❷ 3.8×25＝95　答え　95kg

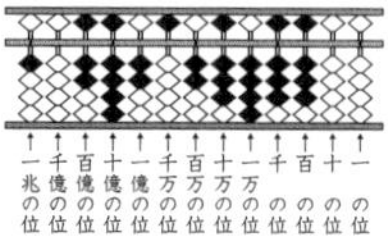

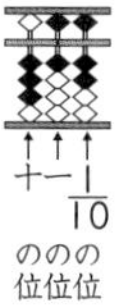

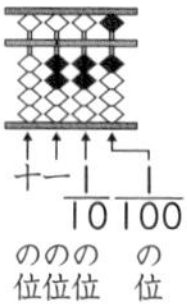

25　51・52ページ

1 ❶ 2.7　❷ 0.7　❸ 1.99
2 ❶ 2.22　❷ 3.89　❸ 1.553
❹ 0.086
3 ❶ 0.358　❷ 0.012　❸ 4.25
4 8.75÷5＝1.75　答え　1.75m

★ ★ ★

1 ❶ 2.4　❷ 6.8　❸ 0.7
❹ 0.47　❺ 0.123
2 ❶ 5.94　❷ 2.995　❸ 0.028
❹ 1.625
3 79.8×2＝159.6
159.6÷12＝13.3　答え　13.3
4 5.4÷8＝0.675　答え　0.675kg

26　53・54ページ

1 ❶ 0.5　❷ 3.8　❸ 0.7
2 ❶ 8あまり2.9　❷ 3あまり12.8
❸ 1あまり7.32
3 ❶ 3.9あまり0.2　❷ 1.6あまり1.2
❸ 2.1あまり0.4
4 8÷5＝1.6　答え　1.6倍

★ ★ ★

1 ❶ 16.8あまり0.1　❷ 2.9あまり0.2
❸ 2.2あまり0.9　❹ 0.9あまり0.8
2 3.96÷24＝0.165　答え　約0.17m
3 8.75÷2＝4 あまり 0.75
答え　4ふくろできて、0.75kgあまる。
4 600÷2400＝0.25　答え　0.25倍

27　55・56ページ

1 ❶ あ　直方体　い　立方体　う　直方体
❷ 6、8、12　❸ 4、2
2 ❶ 6cm　❷ 2

★ ★ ★

1 ❶ 面い、面え、面お、面か
❷ 面う　❸ 面え　❹ 面お
2 ❶ 面い、面え
❷ 辺アエ、辺オク、辺カキ
❸ 辺アオ、辺エク、辺オカ、辺キク
❹ 辺アイ、辺アオ、辺イカ、辺オカ

28　57・58ページ

1 う
2 ❶ 点ウ(横3cm　たて3cm)
点エ(横4cm　たて1cm)
❷ (cm)
5 4 3 2 1 たて↑
ア イ ウ エ オ カ キ
0 1 2 3 4 5 →横 (cm)

★ ★ ★

1 い、う
2 【例】
1cm
1cm
3 頂点キ(横7cm　たて4cm　高さ5cm)
頂点ク(横0cm　たて4cm　高さ5cm)

29　59・60ページ

1 帯分数…$1\frac{5}{8}$L　仮分数…$\frac{13}{8}$L

2 ㋐ $\frac{1}{3}$、$\frac{3}{4}$ ㋑ $\frac{9}{9}$、$\frac{10}{7}$、$\frac{7}{4}$

㋒ $1\frac{2}{9}$、$2\frac{5}{7}$、$3\frac{5}{8}$

3 ❶ $\frac{5}{3}$ ❷ $\frac{29}{6}$ ❸ $\frac{7}{2}$ ❹ $\frac{14}{5}$

4 ❶ 5 ❷ $2\frac{2}{7}$ ❸ $4\frac{1}{5}$ ❹ $7\frac{8}{9}$

5 ❶ ＜ ❷ ＞

★ ★ ★

1 ❶㋐ 6 ㋑ 2 ❷㋐ ＞ ㋑ ＜

❸ $\frac{1}{2}$、$\frac{2}{4}$、$\frac{3}{6}$、$\frac{5}{10}$

❹ $\frac{1}{10}$、$\frac{1}{8}$、$\frac{1}{6}$、$\frac{1}{5}$、$\frac{1}{4}$、$\frac{1}{3}$、$\frac{1}{2}$

2 ❶ $\frac{2}{3}$、$\frac{2}{7}$、$\frac{2}{9}$ ❷ $\frac{5}{3}$、$\frac{5}{5}$、$\frac{5}{6}$

30

61・62ページ

1 ❶ $\frac{10}{7}\left(1\frac{3}{7}\right)$ ❷ 2

❸ $4\frac{3}{5}\left(\frac{23}{5}\right)$ ❹ $3\frac{1}{6}\left(\frac{19}{6}\right)$

❺ $5\frac{5}{9}\left(\frac{50}{9}\right)$ ❻ $\frac{4}{9}$

❼ $\frac{3}{7}$ ❽ $4\frac{3}{8}\left(\frac{35}{8}\right)$

❾ $1\frac{3}{4}\left(\frac{7}{4}\right)$ ❿ $3\frac{2}{7}\left(\frac{23}{7}\right)$

2 $\frac{5}{6}+\frac{7}{6}=2$ 答え 2 時間

3 $1\frac{1}{5}-\frac{2}{5}=\frac{4}{5}$ 答え $\frac{4}{5}$L

★ ★ ★

1 ❶ $\frac{13}{9}\left(1\frac{4}{9}\right)$ ❷ 3

❸ $4\frac{2}{7}\left(\frac{30}{7}\right)$ ❹ $8\frac{4}{5}\left(\frac{44}{5}\right)$

❺ 1 ❻ $2\frac{2}{9}\left(\frac{20}{9}\right)$

❼ $\frac{3}{10}$ ❽ $2\frac{1}{7}\left(\frac{15}{7}\right)$

2 ❶ $\frac{4}{8}+\frac{7}{8}=\frac{11}{8}$

答え $\frac{11}{8}m^2\left(1\frac{3}{8}m^2\right)$

❷ $\frac{7}{8}-\frac{4}{8}=\frac{3}{8}$

答え あきらさんが $\frac{3}{8}m^2$ 多く使った。

31

63ページ

1 三十七兆六千三百二十二億

千五百八万六千七十五

2 ❶ 281394 ❷ 478028

❸ 129640 ❹ 41 あまり 2

❺ 5 あまり 4 ❻ 37

3 ❶ $\frac{32}{9}$ ❷ $4\frac{3}{7}$

4 ❶ $\frac{11}{7}\left(1\frac{4}{7}\right)$ ❷ $3\frac{2}{9}\left(\frac{29}{9}\right)$

❸ $\frac{4}{5}$ ❹ $1\frac{5}{8}\left(\frac{13}{8}\right)$

32

64ページ

1 ❶ 5.74 ❷ 0.15 ❸ 1.84

❹ 10.92 ❺ 49.56

❻ 206.7 ❼ 3.9

2 ❶ 30×30＝900 答え 900 cm^2

❷ 180×25＝4500 答え 45a

3 ❶ 50° ❷ 255°

3 2 1 0 9 8 7 6 5 4
＊ ＊ D C B A